大型火电厂新员工培训教材

电气一次分册

托克托发电公司 编

中国电力出版社
CHINA ELECTRIC POWER PRESS

内 容 提 要

本套《大型火电厂新员工培训教材》丛书包括锅炉、汽轮机、电气一次、电气二次、集控运行、电厂化学、热工控制及仪表、环保、燃料共九个分册，是内蒙古大唐国际托克托发电有限公司在多年员工培训实践工作及经验积累的基础上编写而成。以 600MW 及以上容量机组技术特点为主，本套书内容全面系统，注重结合生成实践，是新员工培训以及生产岗位专业人员学习和技能提升的理想教材。

本书为丛书之一《电气一次分册》，主要内容包括电厂电气主接线及厂用系统接线知识，汽轮发电机、电力变压器、高压电气设备、互感器、电动机、高压变频器及高频电源设备、低压电气设备、电缆、柴油发电机等设备的原理、结构及其检修维护知识，以及发电厂防雷的有关内容等。

本书适合作为火电厂新员工的电气专业培训教材，以及电气专业人员的学习和技能提升培训教材，同时可作为高等院校、专业院校相关专业师生的学习参考用书。

图书在版编目（CIP）数据

大型火电厂新员工培训教材．电气一次分册/托克托发电公司编．—北京：中国电力出版社，2020.6
ISBN 978-7-5198-4475-2

Ⅰ.①大…　Ⅱ.①托…　Ⅲ.①火电厂——次系统—技术培训—教材　Ⅳ.①TM621

中国版本图书馆 CIP 数据核字（2020）第 042081 号

出版发行：中国电力出版社
地　　址：北京市东城区北京站西街 19 号（邮政编码 100005）
网　　址：http：//www.cepp.sgcc.com.cn
责任编辑：宋红梅
责任校对：黄　蓓　马　宁
装帧设计：王红柳
责任印制：吴　迪
印　　刷：三河市万龙印装有限公司
版　　次：2020 年 6 月第一版
印　　次：2020 年 6 月北京第一次印刷
开　　本：787 毫米×1092 毫米　16 开本
印　　张：12.75
字　　数：285 千字
印　　数：0001—2000 册
定　　价：59.00 元

版 权 专 有　　侵 权 必 究

本书如有印装质量问题，我社营销中心负责退换

《大型火电厂新员工培训教材》

丛 书 编 委 会

主　　任	张茂清			
副 主 任	高向阳	宋　琪	李兴旺	孙惠海
委　　员	郭洪义	韩志成	曳前进	张洪彦
	王庆学	张爱军	沙素侠	郭佳佳
	王建廷			

本分册编审人员

主　　编	谢　霆				
参编人员	李　盛	吴军亮	王立平	邹建红	李　剑
	周月山	武双江	张金良	邢耀敏	张　枫
	郝晓栋	赵东阳	董心军	杨卫乐	赛　虎
	刘虎城	刘建利	王小敏	甄永在	李国富
	李博伟	韩永利	田继伟		
审核人员	曳前进	王庆学	王　敏	韩志成	

序

　　习近平在中共十九大报告中指出，人才是实现民族振兴、赢得国际竞争主动的战略资源。电力行业是国民经济的支柱行业，近十多年来我国电力发展坚持以科学发展观为指导，在清洁低碳、高效发展方面取得了瞩目的成绩。目前，我国燃煤发电技术已经达到世界先进水平，部分领域达到世界领先水平，同时，随着电力体制改革纵深推进，煤电企业开启了转型发展升级的新时代，不仅需要一流的管理和研究人才，更加需要一流的能工巧匠，可以说，身处时代洪流中的煤电企业，对技能人才的渴望无比强烈、前所未有。

　　作为国有控股大型发电企业，同时也是世界在役最大火力发电厂，内蒙古大唐国际托克托发电有限责任公司始终坚持"崇尚技术、尊重人才"理念，致力于打造一支高素质、高技能的电力生产技能人才队伍。多年来，该企业不断探索电力企业教育培训的科学管理模式与人才评价的有效方法，形成了以员工职业生涯规划为引领的科学完备的培训体系，尤其是在生产技能人才培养的体制机制建立、资源投入、培训方法创新等方面积累了丰富且成功的经验，并于2017年被评为中电联"电力行业技能人才培育突出贡献单位"，2018年被评为国家人力资源及社会保障部"国家技能人才培育突出贡献单位"。

　　本套《大型火电厂新员工培训教材》丛书自2009年起在企业内部试行，经过十余年的实践、反复修订和不断完善，取精用弘，与时俱进，最终由各专业经验丰富的工程师汇编而成。丛书共分为锅炉、汽轮机、电气一次、电气二次、集控运行、电厂化学、热工控制及仪表、燃料、环保九个分册，集中体现了内蒙古大唐国际托克托发电有限责任公司各专业新员工技能培训的最高水平。实践证明，这套丛书对于培养新员工基本知识、基本技能具有显著的指导作用，是目前行业内少有的能够全面涵盖煤电企业各专业新员工培训内容的教材；同时，因其内容全面系统，并注重结合生产实践，也是生产岗位专业人员学习和技能提升的理想教材。

　　本套丛书的出版有助于促进大型火力发电机组生产技能人员的整体技术素质和技能水平的提高，从而提高发电企业安全经济运行水平。我们希望通过本套丛书的编写、出版，能够为发电企业新员工技能培训提供一个参考，更好地推进电力生产人才技能队伍建设工作，为推动电力行业高质量发展贡献力量。

2019 年 12 月 1 日

前　言

本书为《大型火电厂新员工培训教材》之一。

目前，国家节能减排形势严峻，更多大容量、高参数、低能耗、低污染、高自动化的大型火力发电机组日益普及，国内众多火力发电企业在装机组由于设备维护、等级检修、技术改造，以及新建机组采用大量新技术设备等，需要一线员工尽快掌握电厂各类电气一次设备原理、结构，检修维护等专业知识，并能运用到现场的实际工作中去。基于此，为促进员工业务知识培训，提高设备维护管理水平及设备的可靠性，而编写此书。

内蒙古大唐国际托克托发电有限责任公司是目前世界最大火力发电厂，一直将人才培养作为重点工作之一，以立足岗位成才、争做大唐工匠为目标，内、外部业务知识技能竞赛体系有机衔接，使大量高技能人才快速成长、脱颖而出。近年来，企业在行业、省级的电气一次知识及技能竞赛中取得突出成绩，以学习促进现场生产，以赛促学，并已形成良好的学习氛围和良性循环，注重人才培养，为公司安全生产保驾护航。

本书共十一章，主要围绕电气一次主接线及厂用系统接线、汽轮发电机、电力变压器、高压电气设备、低压电气设备、互感器、电动机、高压变频器、高频电源设备、电缆、柴油发电机、发电厂防雷等类设备基本原理、结构、日常维护、常见故障及处理等内容进行介绍，在每章后列出思考题，帮助员工复习、巩固和思考。

本书由谢霆主编，由曳前进、王庆学、王敏进行审核。

本书既可供从事大型火电机组电气一次设备运行维护工作的技术人员培训使用，也可供电厂管理人员和高等院校相关专业师生参考学习。本书的编辑出版有助于相关技术人员尤其是新参加工作的员工系统、完整地了解、掌握现场各类电气一次设备的相关维护知识，结合所学，理论联系现场实践，达到技能提升和综合素质培养的目的。

由于编者水平所限和时间紧迫，疏漏之处在所难免，敬请读者批评指正。

编　者

2020 年 3 月

目 录

第一章
电气主接线及厂用系统接线

第一节 电气主接线

发电厂电气主接线是由各种电气元件（如发电机、变压器、断路器、隔离开关等）及其连接线所组成的输送和分配电能的电路，也称一次接线或电气主系统。

用规定的设备文字和图形符号将发电机、变压器、母线、开关电器、测量电器、保护电器、输电线路等有关电气设备，按工作顺序排列，详细表示电气设备的组成和连接关系的单线接线图，称为电气主接线图。

一、对电气主接线的基本要求

电气主接线的选择正确与否对电力系统的安全、经济运行，对电力系统稳定和调度的灵活性，以及对发电厂的电气设备的选择，配电装置的布置，继电保护及控制方式的拟定等都有重大的影响。在选择电气主接线时，应注意发电厂在电力系统中的地位、进出回路数、电压等级、设备特点及负荷性质等条件，并应满足下列基本要求。

（一）运行的可靠性

发、供电的安全可靠性，是电力生产和分配的第一要求，主接线必须首先满足。因为电能的发、送、用必须在同一时刻进行，所以电力系统中任何一个环节故障，都将影响整体。主接线的可靠性并不是绝对的，同样形式的接线对某些电厂来说是可靠的，但对另一些电厂就不能满足可靠性要求；另外，可靠性也是不断发展的，随着电力技术的不断进步，过去被认为可靠的接线，现在却未必可靠。

目前，对主接线可靠性的衡量不仅可以定性分析，而且可以进行定量的可靠性计算。主接线可靠性的具体要求：

（1）断路器检修时，不宜影响对系统的供电；

（2）断路器或母线故障以及母线检修时，尽量减少停运的回路数和停运时间，并要求保证机组的正常运行以及对系统的正常供电；

（3）尽量避免发电厂全部停电的可靠性。

（二）具有一定的灵活性

主接线不但在正常运行情况下，能根据调度的要求灵活地改变运行方式，达到调度的目的；而且在各种事故或设备检修时，能尽快地退出设备、切除故障，使停电时间最短、影响范围最小，并且在检修设备时能保证检修人员的安全。

（三）合理的经济性

主接线在保证安全可靠、操作灵活方便的基础上，还应使投资和年运行费用最小，占地面积最少，电能损失最小，使发电厂尽快地发挥经济效益。

（四）应具有扩建的可能性

主接线在扩建时，应在一次和二次设备装置等方面所需的改造量为最小。

二、电气主接线形式

电气主接线是根据电力系统和发电厂或变电站具体条件确定的，它以电源和出线为主体。电气主接线的基本形式可分为有母线接线和无母线接线两大类。有母线接线的主接线包括双母线接线、单母线接线、3/2断路器接线等多种形式。无母线接线的主接线为单元接线形式。目前大多数发电企业主接线一般采用双母线接线方式，发变组一般采用单元接线方式。现主要针对单母线接线、双母线接线、3/2断路器和单元接线的基本形式进行介绍。

（一）有母线接线方式

1. 双母线接线

双母线接线具有两组母线：工作母线Ⅰ和备用母线Ⅱ。每回电源和馈线路都经一台断路器和两组隔离开关分别接至两组母线，母线之间通过母线联络（简称母联断路器）断路器连接，称为双母线接线，如图1-1所示。

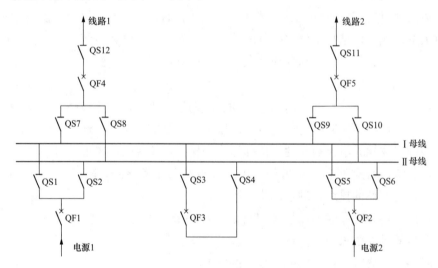

图1-1　双母线接线图

注：QF1～QF5为断路器；QS1～QS12为隔离开关。

双母线接线形式的特点为：

（1）检修任一组母线时，不会停止对用户连续供电。例如，检修母线Ⅰ时，可把全部电源和负荷线路切换到母线Ⅱ上。

（2）运行调度灵活，通过倒换操作可以形成不同的运行方式。当母联断路器闭合，进出线适当分配接到两组母线上，形成双母线同时运行的状态。有时为了系统的需要，亦可将母联断路器断开（处于热备用状态），两组母线同时运行。此时这个电厂相当于分裂为两个电厂各自向系统送电。显然，两组母线同时运行的供电可靠性比仅用一组母线运行时高。

（3）在特殊需要时，可以用母联与系统进行同期或解列操作。当个别回路需要独立工作或进行试验（如发电机或线路检修后需要试验）时，可将该回路单独接到备用母线上运行。

2. 单母线接线

单母线接线所有出线都连接在同一条母线上面，也是投资最省、最简单的接线方式。单母线分段：出线分两部分布置在单母线的不同分段上，这样其中一段停电时不影响另一段母线的供电，如图1-2所示。

单母线接线形式的优点为接线简单、设备少、操作方便、造价便宜，只要配电装置留有裕量，母线可以向两端延伸，可扩性好。

单母线接线的缺点为：

（1）可靠性、灵活性差。在母线故障、母线和母线隔离开关检修时，全部回路均需停运，造成全厂或全站长期停电；任一断路器检修时，其所在回路也将停运。

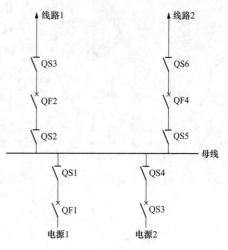

图1-2 单母线接线图

注：QF1～QF4为断路器；
QS1～QS6为隔离开关。

（2）调度不方便。电源只能并列运行，不能分列运行，线路侧发生短路时，有较大的短路电流。因此，单母线接线一般用于6～220kV系统中，出线回路较少，对供电可靠性要求不高的小容量发电厂和变电站比较适用。

3. 3/2断路器接线

3/2断路器接线是指两台母线有若干断路器，每一串有3台断路器，中间断路器称作联络断路器，每两台之间接入一条回路，共有两条回路。平均每条回路装设1.5台断路器，故称3/2断路器接线，如图1-3所示。

（1）3/2断路器接线形式的优点：

1）可靠性高：每一回路有两台断路器供电，发生母线故障或任意一台断路器故障时不会导致出线停电。

2）运行灵活性高：正常运行时两组母线和所有断路器都投入工作，从而形成多环路供电方式，电网结构加强。

3）操作检修方便：隔离开关一般仅作检修隔离用，检修断路器时直接操作即可。由于母线为单母线方式运行，检修母线时，二次回路不需要切换。

（2）3/2断路器接线形式的缺点：

1）投资较大，占地面积大。

2）保护配置、二次接线复杂。

（二）无母线接线方式

无母线接线方式主要以单元接线形式为主，它是指每台机组的发电机、变压器作为一

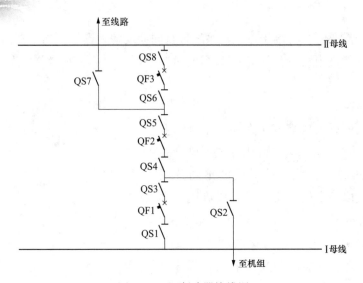

图 1-3 3/2 断路器接线图

注：QF1～QF3 为断路器；QS1～QS8 为隔离开关。

个整体与电力系统相连，厂用电由本台机组的厂用变压器带，该单元设备与其他机组间相互不发生连接。此种接线方式是通过封闭母线形式将发电机与主变压器相连接后接入电力系统。

目前我国的大容量机组单元接线中，发电机出口一般不装设断路器，其理由是，大电流大容量断路器投资较大，而且在发电机出口至主变压器之间采用离相封闭母线后，此段线路范围的故障可能性降低。

1. 单元接线的特点

（1）接线简单，开关设备少，操作简单；

（2）故障可能性小，可靠性高；

（3）由于没有发电机电压母线，无多台机并列，发电机出口短路电流有所减小；

（4）配电装置结构简单，占地少，投资省；

（5）此接线的主要缺点是单元中任意一元件故障或检修，都会影响整个单元的工作。

2. 封闭母线

封闭母线是由金属板为保护外壳，导电排、绝缘材料及有关附件组成的母线系统。主要由母线导体、支持绝缘子和防护屏蔽外壳三部分组成，一般导体和外壳均采用铝管结构。另外，封闭母线采用了微正压装置，防止绝缘子结露受潮，提高了运行的安全可靠性。封闭母线在大型发电厂中的使用范围为：从发电机出线端子开始，到主变压器低压侧引出端子的主回路母线，自主回路母线引出至厂用高压变压器和电压互感器、避雷器等设备柜的各分支线。

封闭母线主要用于大型发电机组，200MW 及以上发电机引出线回路中采用分相封闭母线的目的是：

（1）减少接地故障，避免相间短路。大容量发电机出口的短路电流很大，给断路器的制造带来极大困难，发电机也承受不了出口短路的冲击。封闭母线因有外壳保护，可基本消除外界潮气、灰尘以及外物引起的接地故障，提高发电机运行的连续性。母线采取分相封闭，也可杜绝相间短路的发生。

（2）消除钢构发热。撒漏的大电流母线使得周围钢构和钢筋在电磁感应下产生涡流和环流，发热温度高、损耗大，降低构筑物强度。封闭母线采用外壳屏蔽，可以根本上解决钢构感应发热问题。

（3）减少相间短路电动力。当发生短路，很大的短路电流流过母线时，由于外壳的屏蔽作用，使相间导体所受的短路电动力大为降低。

（4）母线封闭后，便有可能采用微正压运行方式，防止绝缘子结露，提高运行安全可靠性，为母线采用通风冷却方式创造了条件。

（5）封闭母线由工厂成套生产，质量较有保证，运行维护工作量小，施工安装简便，而且不需设置网栏，也简化了对土建结构的要求。

三、关于发电机中性点接地方式

发电机中性点通常采用非直接接地方式，分为中性点不接地方式、中性点经消弧线圈接地、中性点经高电阻接地三种。一般情况下，当全系统对地电容电流之和较小时（如 3～6kV 系统小于或等于 30A；10kV 系统小于或等于 20A；35kV 系统小于或等于 10A），才采用中性点不接地这种方式。对于 300MW 机组的发电机，中性点通常采用经消弧线圈接地、经高电阻接地两种方式。

中性点经消弧线圈接地方式是利用消弧线圈的电感电流去补偿发电机主回路的电容电流，使发电机单相接地短路电流可以减小到忽略不计的程度，避免或减少了对发电机铁芯的烧损，从而使发电机在上述情况下能持续运行一段时间，但这种方式在发电机允许范围的过电压相对略高。该方式有完全补偿、欠补偿、过补偿三种方式。

中性点经高电阻接地方式是利用电阻串入电容回路，改变接地电流相位，加速泄放接地回路中的残余电荷，促使接地电弧自行熄灭，限制了弧光过电压。为了减小电阻值，一般是在发电机中性点接入单相配电接地变压器，电阻接在变压器的二次侧。这样，中性点接地电阻的一次值是实际值的 K^2 倍（K 为变压器变比）。发电机中性点经高电阻接地后，为定子接地保护提供了电源（即定子接地保护从配电变压器二次侧引出），便于检测，但人为加大了发电机单相短路电流，故发生单相接地故障时需保护动作停机。

第二节　厂 用 电 系 统

一、厂用电和厂用电率

1. 厂用电

发电机组在启动、运转、检修过程中，有大量用电动机拖动的机械设备，用以保证机组的主要设备和输煤、除灰、除尘及水处理等辅助设备的正常运行。这些电动机以及全厂的运行、操作、试验、检修、照明等用电设备都属于厂用负荷，其总的耗电量，统称为厂用电。

2. 厂用电率

厂用电由发电厂自身供给，其耗电量与电厂类型、机械化和自动化程度、燃料种类及其燃烧方式、蒸汽参数等因素有关。厂用电占发电厂全部发电量的百分数，称为厂用电率。

厂用电率是发电厂运行的主要经济指标之一，一般凝汽式电厂的厂用电率为 5%～8%。降低厂用电率可以降低电能成本，同时相应增大了对系统的供电量。

二、厂用电接线要求

发电厂厂用电系统是电厂的重要组成部分，合理的厂用电接线及控制系统，对于保证机组的安全连续满发运行，降低厂用电率，方便操作和维护，节省投资有着重要的作用。厂用电接线的选择除了应满足正常运行时的安全、可靠、灵活、经济和维护方便等一般要求外，尚应满足以下要求：

（1）尽量缩小厂用电系统故障时的影响范围，以免引起全厂停电事故；万一发生全厂停电事故，应能尽快地从系统取得启动电源。

（2）应充分考虑发电厂正常、事故、检修等方式，以及机炉启、停过程中的供电要求。

（3）备用电源的引线应尽量保证其独立性，引接处应保证有足够的容量。

（4）充分考虑电厂分期建设和连续施工过程中厂用电系统的运行方式，特别要注意对公用负荷供电的影响，要便于过渡，尽量减少改变接线和更换设备。

（5）设置足够的交流事故保安电源，当全厂停电时，可以快速启动和自动投入向保安负荷供电。另外，还要设计符合电能质量指标的交流不间断电源，以保证需连续供电的热工负荷和计算机的用电。

三、厂用电电压等级

发电厂厂用电系统电压等级是根据发电机额定电压、厂用电动机的容量和厂用电网络的可靠性等诸多方面因素，经过经济、技术综合比较后确定。

对于火电厂，厂用电系统电压等级形式如下：

（1）当发电机容量在 60MW 及以下、发电机电压为 10.5kV 时，可采用 3kV 作为厂用高压电压。

（2）当发电机容量在 100～300MW 时，宜选用 6kV 作为厂用高压电压。

（3）当发电机容量在 300MW 以上时，可采用两种厂用电压，即 3kV 和 10kV 两种电压。

（4）当厂用高压为 3kV 时，100kW 以上的电动机一般采用 3kV，100kW 以下者采用 380V。

（5）当厂用高压为 6kV 时，200kW 以上的电动机采用 6kV，200kW 以下者采用 380V。

(6) 当厂用高压采用 3kV 和 10kV 两种电压时，200～1800kW 的电动机采用 3kV，大于 1800kW 的电动机采用 10kV，小于 200kW 的电动机采用 380V。

四、厂用电负荷的分类

1. 按负荷的重要性划分

按负荷的重要性，厂用电负荷分为Ⅰ类负荷、Ⅱ类负荷、Ⅲ类负荷、事故保安负荷、不间断供电负荷。

(1) Ⅰ类负荷：短时（手动切换恢复供电所需时间）的停电可能影响人身或设备安全，使生产停顿或发电机组出力大幅下降的负荷。例如：给水泵、锅炉引风机、一次风机和送风机、直吹式磨煤机、凝结水泵和凝结水升压泵等。

(2) Ⅱ类负荷：允许短时停电，但若停电时间延长，有可能损坏设备或影响正常生产的负荷。例如：有中间粉仓的制粉系统设备。

(3) Ⅲ类负荷：长时间停电不会影响生产的负荷，例如修配车间的电源。

(4) 不停电负荷：在机组运行期间，以及正常或事故停机过程中，甚至在停机后的一段时间内，需要进行连续供电的负荷，简称 0Ⅰ类负荷。例如，电子计算机、热工保护、自动控制和调节装置等。

(5) 事故保安负荷：在发生全厂停电时，为了保证机组安全地停止运行，事后又能很快地重新启动，或者为了防止危及人身安全等原因，需要在全厂停电时继续供电的负荷。按负荷所要求的电源为直流或交流，又可分为直流保安负荷（如汽轮机直流润滑油泵、发电机氢侧和空侧密封直流油泵等）和交流保安负荷（如交流润滑油泵、盘车电动机、顶轴油泵等）。

2. 按负荷的运行方式划分

按负荷的运行方式，厂用电负荷分为连续、短时、断续、经常、不经常负荷。

(1) 连续负荷：指每次使用连续带负荷在 2h 以上。

(2) 短时负荷：每次使用连续带负荷运转在 10min 以上，2h 以内。

(3) 断续负荷：每次使用从带负荷到空载或停止，反复周期工作，每个周期不超过 10min。

(4) 经常负荷：一般是指每天都要使用的电动机。

(5) 不经常负荷：正常不用，仅在检修、事故情况下，或机、炉启停期间使用的电动机。

3. 按用途划分

厂用电源分为工作电源、备用电源和启动电源，其中备用电源分为明备用和暗备用。明备用即电厂中装设的专门备用电源。此类备用电源在正常情况下不工作或只带少量的公用负荷，而当某一工作电源失去时，它就能自动投入以完全代替之。但在小型火电厂或水电厂中也有不另设专用备用电源，而由两个厂用工作电源相互作为备用，称作暗备用。

五、厂用电系统接线方式

300MW 以上机组火力发电厂几种常见的厂用电接线方式如下：

1. 高压厂用电源不设公用段的接线方式

每台机组设一台分裂绕组厂用高压变压器，其工作电源从发电机封闭母线上支接取得。

两台机组设一台分裂绕组高压启动/备用变压器，其工作电源由厂（或厂外）220kV（或 110kV）升压站降压提供。

每台机组设 A、B 两段 6kV 高压工作母线，为单母线接线形式，分别由厂用高压变压器的两个分裂绕组进行供电，每台机组的机炉双套辅机分别接在 A、B 两段 6kV 高压工作母线上。其备用电源由高压启动/备用变压器经共箱母线直接提供。

不设高压公用段，全厂公用负荷分别由各机组的 A、B 两段 6kV 高压工作母线供电。

2. 高压厂用电源设置专用公用段的接线方式

每台机组设一台分裂绕组厂用高压变压器，其工作电源从发电机封闭母线上支接取得。

每台机组设 A、B 两段 6kV 高压工作母线，为单母线接线形式，分别由厂用高压变压器的两个分裂绕组进行供电，每台机组的机炉双套辅机分别接在 A、B 两段 6kV 高压工作母线上。

厂内设两段 6kV 高压公用母线，为单母线接线形式，分别由 6kV 高压工作母线进行供电，对全厂的公用负荷进行供电。

六、厂用电系统一般规定

（1）厂用电系统电压等级分别为 10kV、6kV、3kV、380V。

（2）正常情况下，不得随意改变厂用电系统的运行方式，如工作任务需要或系统有隐患，经值长同意，方可进行系统切换。紧急情况下可先改变运行方式，然后汇报值长。

（3）当系统方式改变时，应按《继电保护及自动装置运行规程》的相关规定改变继电保护及自动装置的运行方式，严禁无保护运行，禁止随意改变保护及自动装置的运行方式及其定值。

（4）新安装或检修过后有可能变更相序的设备，在送电并列前应核对相序正确。

（5）开关拉合操作中，应检查指示灯仪表变化和有关信号，以验证开关动作的正确性。

（6）在厂用工作电源和备用电源切换时，如备用电源开关未联合，应检查是否为分支过流保护动作，若分支过流保护动作，禁止强合备用电源开关。

（7）若母线故障，备用电源开关联投后又跳闸，禁止再次强送。

（8）如配电盘为双电源供电方式，运行中严禁将两条电源并列运行（由一条电源工作，另一条电源在配电盘处拉开作备用）。

（9）对双电源供电的 MCC 盘，在正常情况下的运行规定：

1) 在厂用配电室侧各 MCC 的电源开关均应合上，在 MCC 柜上的两路电源开关只合上一路，另一路断开作为解环点。

2) 各 MCC 除在倒换时允许将两路电源短时并列运行外（必须在其高压侧并列时），其余时间均由一路电源供电，另一路备用。

3) 某些 MCC 或配电箱采用停电方式倒换电源前，应检查该盘负荷确已全部停运后方可进行，电源倒换正常后，才允许负荷重新启动。

4) 严禁用隔离开关进行 380V 的解、合环操作。

七、厂用电的倒换原则

（1）正常倒换操作，如高压厂用变压器与高压备用变压器为同一系统时，可以在 6kV 侧直接采取快切的方法进行倒换操作，但应检查 6kV 工作电源与备用电源的电压差，不应相差太大，否则应调整高压备用变压器的分接头。

（2）如高压厂用变压器与高压备用变压器为不同期系统，应先检定同期后，再进行倒换，以防非同期并列。

（3）在事故情况下（如发电机失磁、振荡等）不应用并列方式倒厂用电。

（4）由备用电源倒至工作电源，一般是在发电机负荷升至 30% 时切换。

八、厂用电快切装置

厂用电快切装置共有三种启动方式，即正常切换方式、事故切换方式及不正常切换方式。

（一）正常切换

正常切换方式包括并联切换和同时切换两种方式，正常切换是双向的，可以由工作切换到备用，也可以由备用切换到工作。

1. 并联切换

并联自动/手动切换，在快速切换条件满足时，先合备用（工作）开关，经一定延时后跳开工作（备用）开关。若切换条件不满足，立即闭锁，等待复归。并联半自动/手动切换，在快速切换条件满足时，合上备用（工作）开关，而跳开工作（备用）开关的操作由人工完成。若快切条件不满足，立即闭锁，等待复归。并联切换只有在快切条件满足时才能实现。

2. 同时切换

手动启动，先发跳工作（备用）开关命令，在切换条件满足时，发合备用（工作）开关命令。若要保证先分后合，可在合闸命令前加用户设定延时。同时切换有快速、同期捕捉、残压三种实现方式。

（二）事故切换

快切最多的是事故切换，保护动作时启动快切，事故切换包括串联切换和同时切换，而且只能由工作切到备用，是单向的。保护动作接点，通常都是由发变组保护屏接入。

1. 串联切换

保护启动,先跳工作电源开关,在确认工作开关已跳开且切换条件满足时,合上备用电源。串联切换有快速、同期捕捉、残压三种实现方式。

2. 同时切换

保护启动,先发跳工作电源开关命令,在切换条件满足时同时(或经设定延时)发合备用电源开关命令。事故同时切换也有快速、同期捕捉、残压三种实现方式。

(三)不正常切换

不正常切换是由装置检测到不正常情况后自行启动,为单向,只能由工作电源切向备用电源。不正常切换有以下几种方式:

(1)低电压启动。厂用母线三相电压均低于整定值,时间超过整定延时,则根据选择方式进行串联或同时切换。实现方式为快速、同期捕捉、残压三种方式。

(2)工作电源开关误跳。因各种原因(包括人为误操作)造成工作电源开关误跳开,即在切换条件满足时合上备用电源。实现方式为快速、同期捕捉、残压三种方式。

(3)快切装置发出的分、合闸脉冲为短脉冲,且装置只动作一次,在下次动作前必须经人工复归(在 DCS 也能实现复归功能)。

(4)快切装置具有低压减载功能。可有三段低压减载出口,三段可分别设定延时,以备用电源合上为延时起始时间。

 思 考 题

1. 主接线可靠性的具体要求有哪些?

2. 电气主接线的基本形式有哪些?

3. 有母线接线的主要接线形式有哪些?

4. 双母线接线形式的特点是什么?

5. 单母线接线形式的优缺点各是什么?

6. 采用分相封闭母线的目的是什么?

7. 厂用电电压等级有哪些?

8. 厂用电负荷是如何分类的?

9. 厂用电快切装置三种启动方式分别是什么?

第二章

汽 轮 发 电 机

第一节 汽轮发电机的基本原理及结构

一、工作原理

发电机是利用电磁感应原理制成的，分为同步发电机和异步发电机两种，两者工作原理基本相同，均为通过转子旋转产生磁场，切割发电机定子，产生电压。但是异步发电机本身无励磁系统，因此必须通过吸收无功才能发出有功，异步发电机的转子转速略高于旋转磁场的同步转速，所以大容量异步发电机必须与同步发电机并列运行或接入电网运行，由同步发电机或电网提供自身所需的励磁无功，因此异步发电机是电网的无功负载。尽管从原理上说异步发电机可以借助于电容器孤立运行在自激状态，但处于这种运行状态时，发电机调压能力很弱，当发电机达到临界负荷，将引起电压崩溃。同步发电机则自带励磁系统，转子转速与同步转速相同，在转子中通入直流励磁电压，形成一个固定的磁场，发电机转子在原动机——汽轮机的拖动下旋转起来，转子磁场也就旋转起来，定子绕组在旋转的转子磁场作用下切割磁力线，感应出交流电动势，形成感应电压，通过变压器变压后输送到电网进行电能分配及利用。通过调整原动机（汽轮机）冬季主汽门或调节汽门的开度，增大或减少进汽量，即可调节发电机的输出有功功率，无功功率的调节是通过调节励磁电流来实现。大功率发电机基本选用同步发电机。

二、汽轮发电机的结构

汽轮发电机（不包括励磁机、励磁装置、氢系统、密封油系统、定子线圈冷却水系统）主要由9大部分组成，包括转子，油密封、轴承、端盖，挡风盖、导风环，冷却器与外罩，定子线圈，定子机座、定子铁芯，定子出线，定子出线端点和中心点外罩，定子外部水管。发电机的总体结构如图 2-1 所示。

由于发电机采用气隙取气径向多路通风的冷却方式，转子本体沿全长分为若干个风区（根据机组容量有 11、13、15 个风区等），转子绕组采用中间铣孔的斜流通风结构，转子槽楔为风斗式，结构上为一斗两路通风。与转子相对应，定子铁芯也分为相同数量个风区，定子铁芯设径向通风道，沿全长共有若干个风道，风区的构成是由机座隔板形成的。定子铁芯和定子机座间采用立式弹簧板隔振结构。在发电机汽、励端各设一个单级轴流式风扇。为了不使机座和转子过长，发电机的冷却器装配方式采用背包式，即两个冷却器罩壳设置在发电机汽、励两端的上部。冷却器横向装配在罩壳内。发电机采用端盖式轴承，轴瓦为 2 块可倾式瓦，发电机采用双流双环式油密封。发电机定子绕组为 $60°$ 相带，双层

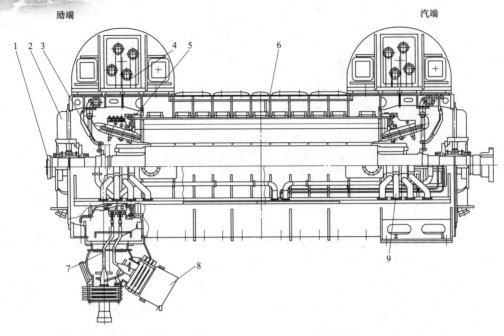

图 2-1 汽轮发电机总体结构图

1—转子；2—油密封、轴承、端盖；3—挡风盖、导风环；4—冷却器与外罩；5—定子线圈；

6—机座加工、定子铁芯；7—定子出线；8—定子出线端点和中心点外罩；9—定子外部水管

2 支路并联绕组，采用水内冷，定子线棒为 4 排导线，空实线组合比为一空二实。绕组端部固定结构为刚—柔性结构，绕组引出线为 4 排。机座励端下部设置出线盒，主引线和 6 个出线瓷套端子为水内冷。出线盒座和汽端下部的底座还作为定子运输时挂货钩的钩挂位置。发电机转子汽端热套装联轴器，发电机转子励端联轴器与无刷励磁机刚性连接，发电机转子引线与励磁机引出线为端面接触，采用机械把合连接结构。

（一）定子机座与隔振

定子机座由优质钢板装焊而成，焊后经消除应力处理。以 QFSN-660-2 型汽轮发电机举例说明，其机座的端板为 80mm 厚钢板，外皮为 25mm 厚钢板经滚制成型的圆筒拼焊构成，机座内的辐向隔板共 18 块（机座铁芯本体段 12 块、汽励两端机座各 3 块），其中装焊吊攀座的 4 块（靠近定子铁芯端部）的厚度为 50mm，其余厚度为 30mm，幅向隔板和轴向筋板以及通风钢管构成的骨架使机座具有足够的强度和刚度。定子机座铁芯本体段 12 块辐向隔板及轴向通风管一起构成机座的 11 向风区，为保证各风区的风量，各冷风区的通风管都是由端部直通到各自风区。

机座汽、励两端的上部设有连接冷却器罩壳的连接法兰，法兰接合面开有矩形密封槽，内充满密封胶以防氢气泄漏之用。机座顶部还设有人孔、检查孔，都有盖板密封。在机座励端下部设有连接出线盒的法兰，法兰上开有出线盒出风孔。机座汽端下部特别设有供定子运输用的法兰座，以钩挂运输挂货钩。

将机座设计成"耐爆"型压力容器，是指机座能承受 0.01～0.02MPa（表压）下氢气和空气混合气体的最强烈爆炸。

机座两侧共有 4 个可拆卸的吊攀和供装配测温引线接线端子板的法兰，机座的上部开设有夹紧环调节孔，下部开设有清理孔及充排氢气、二氧化碳气体的管路接口，以及测量风压、连接漏水探测器的接口。其中氢气汇流管在机座的顶部；二氧化碳汇流管在机座底部，并开有小孔。

发电机的定子冷却水汇流管的进出法兰设在机座上部的侧面。汇流管的排污法兰设在机座两端的下部。

定子机座两侧的底脚支撑整个发电机的质量和承受突然短路时产生的扭矩，它们具有足够的强度和刚度，底脚板厚度为 82mm。在定子机座中心处，底脚上开设有轴向位槽，以装配机座与底板间的轴向固定键。未装外罩板前定子机座框架。

定子机座的强度要求在 1.4MPa 氢压下机座的最大应力不超过材料的屈服极限。为了减小磁拉力在定子铁芯中产生的倍频振动对基础的影响，定子机座与铁芯间的隔振结构采用西屋型式的立式弹簧板结构，定子铁芯经夹紧环与弹簧板相连接。弹簧板的下端与装焊在机座隔板上的座板相连接。沿轴向共设 11 组隔振弹簧板，每组中两块弹簧板布置在夹紧环的两侧，一块在夹紧环的底部，以保持系统的稳定。弹簧板材质为高强度可焊钢板，其屈服极限为 690MPa，弹簧板的应力计算是假定在突然短路时作用在弹簧板上的扭矩为额定转矩的 30 倍。此时弹簧板的最大应力为 517.9MPa。

定子机座与铁芯间的隔振结构见图 2-2。

（二）定子铁芯

定子铁芯由涂有半无机硅钢片绝缘漆的高导磁、低损耗扇形硅钢冲片叠装而成，沿圆周 10.5 冲片。硅钢片厚度为 0.5mm，结构如图 2-3 所示。在扇形硅钢片的两侧表面涂有 F 级环氧绝缘漆。以 QFSN-660-2 型汽轮发电机为例，定子槽数为 42 槽。定子铁芯通过装焊在机座内夹紧环上的 42 根圆形定位筋与机座的隔振结构件相连接。铁芯两端设有无磁性铸钢齿压板。在齿压板的外侧设有硅钢

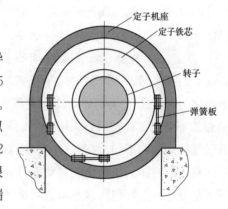

图 2-2　定子机座与铁芯间隔振结构图

冲片叠装成的磁屏蔽，磁屏蔽内圆表面为阶梯形多齿表面，以有效地分导定子端部轴向漏磁通，防止主铁芯过热，使发电机具有良好的进相运行能力。在磁屏蔽的外侧设有 21 块无磁性铸钢分块压板。定子铁芯轴向紧固由定位螺杆和 42 根高强度无磁钢绝缘穿心螺杆拉紧，穿心螺杆的紧固经液压拉伸器拉伸后再紧定螺帽，使铁芯受压均匀，并减小端部不平度。铁芯的轴向压紧力为 1.37MPa（100℃时），铁芯的径向紧固通过把紧夹紧环来实现，以增强铁芯的刚度。夹紧环的内外环间涂聚四氟乙烯润滑剂，减少阻力，增大夹紧力。

为了减少端部漏磁损耗，降低边端铁芯的温升，边段铁芯设计成沿径向呈现阶梯形，在边段铁芯齿部开小槽，同时边段铁芯的段厚比正常铁芯段减薄，对边段铁芯进行漏磁通透入深度、温升分析计算，确定边段铁芯的长度为 129mm，齿部开小槽的深度为 64mm。磁屏蔽、边段铁芯为粘接整体结构。

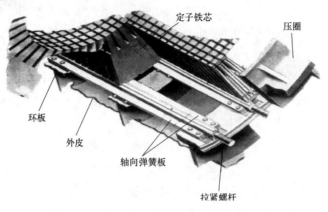

图 2-3　定子铁芯示意图

定子铁芯端部屏蔽结构设有径向通风道，为加强磁屏蔽的冷却，对其背部的挡风板等相应改动，即在磁屏蔽端板上开设通风孔与定子机座的第一个、最后一个风区相通构成磁屏蔽的冷却通路。

在检修过程中，请特别注意保护铁芯内圆表面不要受到碰伤而形成片间短路。由于转子磁势很大，铁芯轭部又较高，气隙较大，一旦短路，该处短路损耗较大，温度会有较大的升高，并促使铁芯临近的硅钢片绝缘受到损坏，因而使短路逐步扩展，导致严重的铁芯烧伤事故。

（三）定子线棒以及定子绕组的装配

300～660MW 发电机的定子线棒基本为空心导线和实心导线组合构成，空、实导线的组合比为 1：2。空实心导线均包聚酯玻璃丝绝缘，导线线规为：空心 4.8×7.85－1.35，实心 2.4×7.85，上层线棒由 5 组 4 排导线构成，下层线棒由 4 组 4 排导线构成，因此上、下层线棒的截面不同。在线棒的直线部分的两排导线进行 540°编织空换位。采用上、下层不同截面的线棒的设计比相同截面的设计，使涡流作用所引起的附加损耗减少近 20%，而直线部分进行空换位既能抵消股间循环电流产生的附加损耗，还能减少端部横向磁场差异所引起的附加损耗。

定子线棒的对地绝缘的厚度按 20kV 级绝缘规范要求，包括防晕层在内双边厚度为 10.8mm。并采用进口 VPI（真空压力浸渍技术）少胶绝缘系统。

线棒端部为渐开线式，为了增大相间鼻端的放电距离，异相线棒的鼻端距离加大，而同相线棒的鼻端距离减小，因此，上、下层线棒的端部形状和尺寸各为 7 种。

线棒两端的水盒接头构成线棒鼻端的水电连接结构，线棒的空、实心导线均用中频加热钎焊在水盒内。上下层线棒的电连接由上下水盒夹紧多股实心铜线（12×5），用中频加热钎焊而成。水电连接的绝缘采用绝缘盒做外套，盒内塞满填料，并采用电位移法逐一检查绝缘盒外的表面电压，以保证水电连接头的绝缘强度。套在线棒上或汇水管上水接头的成型绝缘引水管，都用卡箍将水管箍紧。

发电机定子为 42 槽，绕组为 60°相带，双层 2 支路并联。绕组的槽部固定结构在槽底和上、下层线棒之间填加外包聚酯薄膜的热固性适形材料，采用涨管压紧工艺，使线棒在槽内良好就位，在线棒的侧面和槽壁之间配塞半导体垫条，使线棒表面良好接地，以降低线棒表面的电量电位防止电腐蚀。定子绕组槽内固定结构见图2-4。

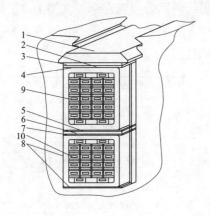

代号	部件名称	材料名称
1	槽楔	高强度F级玻璃布
2	楔下垫条	环氧玻璃布板
3	波纹板	热固性树脂和特种玻璃布
4	滑移层	聚四氟薄膜粘带
5	适形材料	中温适形毡
6	适形材料	中温适形毡
7	层间垫条	环氧玻璃布板或RTD
8	槽底、侧面垫条	半导体玻璃板
9	上层线圈	—
10	下层线圈	—

图 2-4　定子绕组槽内固定结构图

定子槽楔为高强度F级玻璃布卷制模压成型，在槽楔下采用弹性绝缘波纹板径向压紧线棒，防止槽楔松动，在检修中，由带有测量孔的槽楔上测量波纹板的压缩量来控制槽楔的松紧度，以保持径向恒压力。在每槽两端的槽楔，采用开人字形槽的结构锁紧槽楔，防止槽楔在运行时因振动而松动，发生轴向位移。定子槽楔布置示意图见图2-5。

图 2-5　定子槽楔布置示意图

大型汽轮发电机定子绕组端部受力情况很复杂，在正常运行时有电动力、热应力、振动疲劳。在非同期合闸或突然短路时，产生巨大的冲击力和弯矩，更应注意到，端部绕组，特别是各支路首末长引线线圈的自振频率，应远离双信工频，以免发生谐振，否则绝缘、股线将可能导致断裂，或磨损绝缘甚至露铜，造成相间或对地击穿。

定子端部绕组固定结构一般采用大锥环内三个固定环、绝缘螺杆、螺母、蝶形垫圈巩固，层间充填灌注胶的水笼带，外加压板组成刚—柔绑扎固定结构。整个定子绕组端部通过设在端部内圆上的2道径向可调绑扎环、绕组鼻端径向撑紧环，上、下层线棒之间的充胶支撑管及下层线棒对锥环间的适形材料等固定在环氧玻璃纤维绕制的大型整体锥形支撑环上，而线棒的鼻端之间则用垫块、楔形支撑块和浸胶玻璃布带绑扎成沿圆周呈环状的整体。这样整个绕组端部与锥形支撑环形成牢固的整体，锥形支撑环的外圆周与21个均匀辐向分布的绝缘支架固定在一起，而绝缘支架则通过反磁弹簧板与定子铁芯的分块压板固定在一起，形成柔性连接结构。锥环内端头与铁芯端部搭接处垫滑移层，且锥环的线膨胀系数与线圈的线膨胀系数相近。当热胀冷缩时，通过弹簧板使定子线圈和支撑系统自由伸缩，从而缓解了热应力，抑制住电磁振动力及突然短路冲击力，使线圈形变限制在极限小的范围内，有效地均匀了各元件地载荷。整个定子绕组端部则成为既刚又柔的固定结构，该结构在径、切向的刚度很大，而在轴向具有良好的弹性。当运行温度变化，铜铁膨胀不同时，绕组端部可沿轴向自由伸缩，有效地减缓绕组绝缘中产生的机械应力。

定子绕组引线的前端也固定在锥环支撑块上，引线的圆弧固定在绝缘支架上，引线与引线线棒的连接方式与上下层线棒间的连接方式一样，采用多股导线把合在水盒接头，中频感应加热软钎焊的结构。定子绕组端部固定结构图见图2-6。

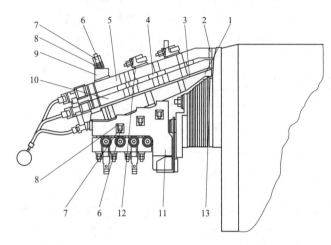

代号	部件名称	材料名称
1	绝缘大锥环	玻璃长丝绕制
2	槽口垫块	高强度环氧玻璃层压板
3	适形材料	涤纶绳
4	层间适形材料	内充灌注胶水笺带
5	上层线圈	导线均包聚酯玻璃丝绝缘
6	绝缘螺杆	玻璃毡及特制玻璃布
7	绝缘螺母	环氧毡层压制品
8	绝缘垫型垫圈	环氧毡层压制品
9	绝缘支撑环	玻璃纤维缠绕
10	下层线圈	导线均包聚酯玻璃丝绝缘
11	绝缘支架	F级高强度玻璃布板
12	绑扎内环	玻璃纤维缠绕
13	滑移层	聚四氟乙烯/棉布

图 2-6　定子绕组端部固定结构图

（四）发电机气隙隔环及风区隔板

发电机根据通风要求，气隙隔环到护环表面一定的间隙（具体数值由机组容量决定）。气隙隔环考虑到抽装转子的方法装在定子绕组的内可调绑扎环的外侧，用绝缘螺钉把合。气隙隔环按可调绑扎环的分瓣位置分为4个扇形，用环氧玻璃布板制成，装在定子绕组的内可调绑扎环的外侧。定子两端径向气隙隔环的设置，对保持机内风量平衡十分必要。没有气隙隔环时，由端部气隙进入第一、最后一个风区的风量较大，以至进入铁芯背部的风量相对减小。设置了气隙隔环使进入第一、最后一个风区的风量减小，使通过端部进入铁芯背部的风量增大。同时为防止冷热风区间串风，加强转子冷却以及抽装转子的考虑，在气隙中装设10道约5/6圆周式风区隔板。

（五）定子汇流管及连接管

发电机汽、励两端的汇流管接口法兰设在机座的上部。汇流管的柔性排污管的法兰设在机座的下部。汇流管并有对地绝缘。

（六）发电机主引线

发电机的出线盒设置在定子机座励端的下部，其形状为圆筒形，出线盒由反磁性不锈钢板焊接，这样就大大减少了主出线导电杆上大电流在其周围的钢板上所产生的涡流损耗。

出线盒内有由空心铜管制成的主引线和6个引线瓷套端子，其中三个主出线端子通过金具引出，另外三个斜装的为中性出线端子，由中性点母板及编制铜排连接起来形成中性点。出线盒内部设有小汇流管，构成主引线和出线瓷套端子冷却水的回水通路，主引线与发电机定子引线铜排采用柔性连接头连接。

出线瓷套端子为水内冷结构，对水、氢具有良好的密封性能。出线瓷套的内部导电杆与瓷套的连接结构，一端装有螺旋式弹簧，另一端焊接波纹式伸缩节，使导电杆既能随温度变化而自由伸缩，又能保证可靠的密封性能。瓷套端子的外部固定法兰与瓷套间的连接方式采用将法兰凸缘液压在瓷套的三道环形凹槽内，然后用反磁钢丝绑扎牢靠，在法兰和三道环槽内，放置橡胶密封环，以保持瓷套端子的氢密封能力。

出线盒与定子机座的大平面上开有 T 形密封槽，用以加压注入液态密封胶，杜绝氢气从结合面的缝隙中渗漏出来的可能性。

发电机出线瓷套端子下端设方形接线端子供与封闭母线相连接。中性点端子间以铜母线板相连接。中性点端子外回装由铝板焊接的中性点罩壳护罩，中性点罩壳支吊在基础上。在发电机出线盒瓷套端子外装设套筒式电流互感器。

发电机出线端子上设置有套管式电流互感器来提供给仪表测量或继电保护用，每个端子上套有 4 只，共 24 只。

（七）转子

转子由转轴、转子绕组、转子绕组电气连接件、护环、中心环、风扇、半联轴器等部件构成。转子结构图见图 2-7。

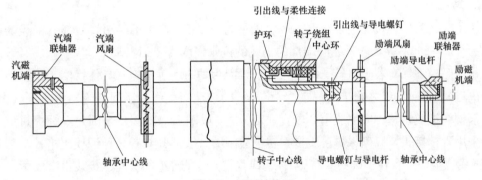

图 2-7　转子结构图

1. 转轴

转轴材料为 25Cr2Ni4MoV 合金钢锻件，材料的屈服强度为 660～760MPa。转子本体上共有 32 个转子嵌线槽，槽形为开口半梯形槽，即槽形的上半部是开口的平行槽，下半部是梯形槽，以尽可能增加槽内布置的铜线面积，降低转子铜耗。为了削弱发电机运行时，气隙磁通和转子轭部磁通在近磁极中心部分的局部饱和，改善气隙磁通的波形，在设计中分别加宽了转子大齿附近 2 个齿的宽度，即 1 号转子嵌线槽和 2 号转子嵌线槽分别向磁极中心偏移 2.345° 和 0.746°，并减小了 1 号转子嵌线槽的深度。

在转子本体每一磁极的大齿部分，各开有一定数量的横向槽，以均衡转子 X 轴方向和 Y 轴方向的刚度。同时，因为在励磁机端轴柄的磁极中心线位置有 2 条磁极引线槽，所以在该处轴柄的几何中心线位置上，也开有 2 条均衡槽，以均衡该 2 个中心线方向的刚度差，从而降低倍频振动。

在转子本体每一磁极大齿上，开有 3 条阻尼槽，其中 1 条在磁极中心线上，2 条靠近横向槽的尖角部分。在发电机承受不平衡负载时，可减小在横向槽尖角处的阻尼电流和由此引起的尖角处温度急剧升高，使得100Hz涡流部分流经由阻尼绕组构成的回路中，有效地提高发电机承受负序能力。

在转子1号嵌线槽和阻尼槽的中间，转子本体每一磁极上还开有2个探伤槽，用于对转子本体的槽底部分进行超声波探伤。

探伤槽的两端，即转子本体每一磁极的大齿两端，共开有4个月亮形轴向通风槽。转子轴设计要求如下：

(1) 在超速20%时，中心孔最大应力必须小于材料屈服强度的80%。

(2) 在启动到额定转速10 000次时，超声波可采测到最小裂纹不会增长到临界裂纹长度。

(3) 在超速20%时，齿头、齿根、齿缘处最大应力不超过材料屈服强度的50%。考虑应力集中后，最大应力应低于材料屈服强度，否则应估算低周疲劳寿命，从启动到额定转速至少10 000次。

(4) 在超速20%时，转轴分别计算了铝槽楔部位和铜槽楔部位转轴的应力，所有的应力都满足设计要求。

2. 转子线圈

转子线圈采用冷拉无氧含银铜线，含银量为0.085%，转子线圈直线部分铜线的抗张强度为235～262MPa，转子线圈端部的铜线的抗张强度为241MPa。

每一磁极下，有若干组转子线圈，转子线圈为均为多匝结构（具体线圈、匝数由机组容量决定）。每匝铜线之间垫以一层0.4mm厚的玻璃布板作为匝间绝缘。每匝铜线由上、下2根铜线组成，每一圈铜线由2段直线部分、2段圆弧部分和4个圆角经钎焊拼成，焊接处采用舌榫接头，以确保焊接质量。转子线圈的直线部分共有9种铜线规格，端部共有5种铜线规格，每台转子线圈共有14种铜线规格。转子绕组的极间连接线由弯成两个半圆的对扣凹形导线构成，两半圆之间的连接由高强度含银薄铜带构成柔性连接，这样有利于两极的重量平衡，具有良好的变形能力，从而减小应力。

转子线圈的槽内直线部分共分为若干个风区（根据机组容量分为11、13、15等），其中分为进风区和出风区，出风区较进风区多一个。每个风区设置二排径向斜流的通风孔。

转子线圈端部设有二路侧面进风孔，一路是将风流经二根铜线中间的通风凹槽引入直线部分槽内的端部径向斜流出风区，另一路是将风流经二根铜线中间的通风凹槽引向端部线圈的圆弧部分，经近磁极中心线的侧面出风孔排出。所有转子线圈端部进风孔的截面积为110mm²（1号线圈），125mm²（2～4号线圈）和150mm²（5～8号线圈），端部出风孔的截面积均为130mm²。组成直线部分铜线两端的通风凹槽是在铜线两端加工而成的，端部铜线的通风凹槽由拉制成型。转子端部通风示意图见图2-8。

槽内的楔下垫条由一面贴有聚四氟乙烯滑移层的玻璃布板做成，在楔下垫条上，根据转子线圈的进、出风孔位置，开有通风孔。转子槽绝缘厚度为1.2～1.4mm，槽绝缘内与转子线圈接触面也敷有聚四氟乙烯滑移层。转子线圈护环下的绝缘由玻璃布卷成的玻璃布筒加工而成，在护环下绝缘与端部铜线接触的内圆，也贴有聚四氟乙烯滑移层。使铜线在

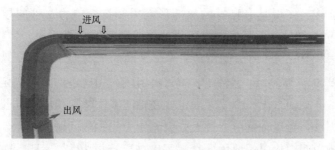

图 2-8　转子端部通风示意图

离心力高压下能自由热胀冷缩，避免永久性残余变形，以适应调峰运行工况的需要。

3. 转子槽楔

在转子嵌线槽中，除两端采用铍铜槽楔外，中间均为铝槽楔（在转子线槽内第一槽的槽楔也采用铜合金槽楔）。铝槽楔的材料为 LY12，屈服强度为 305MPa。铍铜槽楔的屈服强度为 590MPa。转子槽楔与转子齿顶部采用 45°的斜面配合。

300～660MW 发电机转子嵌线槽内直线部分采用气隙取气，斜流式通风，为了减小风阻，有利于导风作用，所有铝槽楔的通风孔都要根据其所处的进、出风区位置，在铝槽楔的顶部设有进风或出风的风斗，该槽楔风斗的高度高出转子外圆表面 10mm。除了两端铍铜槽楔不开有风斗以及靠近两端铍铜槽楔的槽楔上开有 8 个风斗外，其余的槽楔上都开有 7 个风斗槽楔。

转子线圈嵌线槽内的每两根槽楔设置镀银的搭接块，来保证槽楔良好的电连接。在阻尼槽放置具有电导率高、强度高和抗火花能力强的铜合金槽楔，可以分流很多的负序电流，并在接缝处设有镀银的铜合金搭接块，并在搭接块的底部的凹槽内放入两个弹簧以顶住槽楔，保证搭接块和两根槽楔之间的良好电连接。在阻尼槽中间放置长的槽楔，而两端放置较短的槽楔。

4. 护环、中心环和风扇

护环材料为 18Mn18Cr 高强度反磁钢锻件，该材料具有较好的抗应力腐蚀性能和断裂韧性，材料的屈服强度为 1070MPa，中心环材料为 34CrNi3Mo 合金钢锻件，材料的屈服强度为 860MPa。风扇叶片为铝合金锻件。单级螺旋桨式风扇对称布置在转子两端向铁芯背部、转子护环等处送风。

护环外径为 ϕ1228mm，内径为 ϕ1041mm，长度为 825mm。中心环外径为 ϕ1028mm，内径为 ϕ812mm，厚度为 81mm。护环为悬挂式结构，其与转子本体热套面处采用环键作为轴向固定。护环与中心环热套后也采用环键作为轴向固定。

5. 磁极引线

转子线圈的磁极引线包括 J 型磁极引线，J 型磁极引线与转子 1 号线圈之间的柔性连接线（Ω 型）和轴向引线，径向导电螺杆装配。J 型引线的一端与 1 号线圈端部底匝铜排连接，另一端通过转轴轴柄上的引线槽引至径向导电螺钉处，径向导电螺钉将 J 型引线与转轴中心孔内的轴向导电杆连接在一起，而轴向导电杆通过中心孔一直延伸至转子励端联轴器的端面，并与励磁机联轴器端面处的励磁机导电杆相接，从而构成发电机的转子励磁电路。采用柔性连接，使得具有良好的热变形能力和抗弯能力。轴向导电杆示意图见图 2-9。径向导电螺钉与转轴径向孔间设有可靠的绝缘和气体密封结构。

转子中 J 型磁极引线与 1 号线圈与转子本体之间的距离为 160mm。发电机转子 J 型磁极引线的电流密度为 $6.8A/mm^2$。转子 J 型磁极引线采用先进的舌形固定结构，在轴柄圆角附近的固定在本体端面采用一个线夹固定，在轴向采用将压板槽楔伸长固定的结构，避免了在轴柄处攻螺纹，导致轴柄应力最大处引起应力集中的问题。

转子引线在槽中四周垫块都要用 F 级高强度玻璃布板 3242，引出线顶上用 NHN 复合箔 6550 垫紧，玻璃层压板厚度以 0.5～1.0mm 为宜，柔韧性较好，这样槽中绝缘在运行过程中热应力、离心力等作用下不易损坏。转子引出线在槽内装配图见图 2-10。

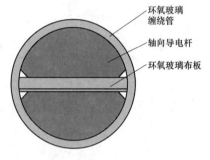

图 2-9　轴向导电杆示意图

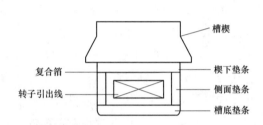

图 2-10　转子引出线槽内装配图

轴向引线和径向导螺杆均采用锆铜锻件，使其能承受结构件离心力所产生的高应力。为了减小轴向引线受热膨胀时，在径向导电螺杆圆锥螺纹根部产生的附加弯曲应力，轴向引线在长度方向由 2 根组成，中间加以挠性连接。

6. 端盖式轴承

发电机采用端盖式轴承，即端盖上设有轴承座，由端盖支撑轴承载荷。端盖采用优质钢板焊接结构，焊后进行焊缝气密试验和退火处理，其具有足够的强度和刚度及气密性。端盖与机座、出线盒和氢气冷却器外罩组成"耐爆"压力容器。上半端盖上设有观察孔，下半端盖上除设有轴承座、油系统连接管外，还设有较大的氢侧密封油回油箱，可使密封回油畅通。在端盖内侧设有油密封座，外侧设有外挡油盖。在油密封座内装有密封瓦，密封瓦的瓦体采用能减小发电机端部漏磁影响的青铜合金制成。在外挡油盖上设有测量轴颈振动的装置。在油密封座和外挡油盖与转轴接触采用迷宫式封油结构，并设有多道用耐磨和抗油蚀的聚四氟乙烯塑料压制的挡油梳齿，可有效地阻止油的内泄和外漏，以及轴电流流通。发电机定子端盖示意图如图 2-11 所示。

发电机轴承的结构形式是上半瓦为圆

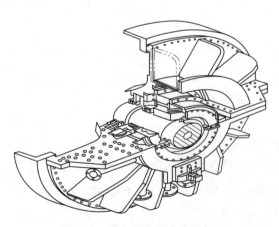

图 2-11　发电机定子端盖示意图

瓦、下半瓦为两块对称分布的可倾瓦。上半瓦开有偏心油楔，偏心油楔具有由泵作用而产生的冷却效果。下半瓦由于可倾瓦块采用了球面作支承点，瓦块的倾斜度可以随轴颈位置的不同而自动调整，以适应不同的载荷、转速和轴的弹性变形偏斜等具体情况，保持轴颈与轴瓦间的适当间隙，因而能够建立起可靠的润滑支承油膜，可以防止油膜振荡。可倾瓦采用由铜体及巴氏合金组成的瓦块和钢板作支撑块组成的结构，同时在铜体的背面开有许多散热槽，使瓦块具有较好的冷却效果。下瓦的两块可倾瓦均设有供启动用的对地绝缘高压进油管及顶轴楔，以降低盘车启动功率和防止在低速盘车启动时在轴径处造成条状痕迹。

为防止轴电流造成危害，支撑轴瓦的轴承座和轴承定位销、轴承顶块、励端中间环、内外挡油盖均与端盖绝缘。而且，励端的绝缘均为双重式，在发电机运行期间可监测轴承及油密封等的对地绝缘状态，励端轴承双重绝缘结构图如图 2-12 所示。

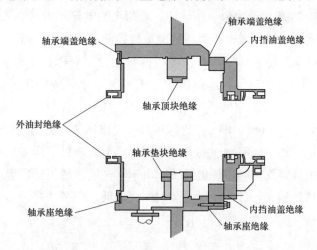

图 2-12　励端轴承双重绝缘结构图

7. 氢气冷却器及外罩

发电机在定子机座汽励两端端部分别横向布置了一台氢气冷却器，冷却器由热传递效果好的镍铜冷却水管和两端的水箱组成。其功能是通过冷却水管内水的循环带走发电机内的氢气传递到冷却水管上的热量，使发电机内的氢气保持规定的温度。每台冷却器由两个冷却器组成，形成两个独立的水支路。当停运一个水支路时，发电机可带 80% 额定负载运行。冷却器外罩由优质钢板焊接而成的圆拱形结构，具有足够的强度及气密性。冷却器外罩整体通过螺钉把合在机座上，并在结合面密封槽内充胶密封。外罩热风侧的进风口跨接在铁芯边段的热风出风区的机座顶部，其冷风侧的出风口坐落在机座边段冷风进风区的上部，由机座边段第一隔板和与其结合在一起的内端盖及导风环构成设在转子上的风扇前后的低、高压冷风区。外罩所处的机座顶部设有充排氢管道。

8. 发电机通风冷却系统

发电机采用水氢氢冷却方式，即定子绕组为水内冷，转子绕组为氢内冷，定子铁芯及结构件为氢冷。

（1）定子绕组、引线及定子出线瓷套端子的冷却水路。

定子冷却水自水系统进入发电机机座内励端汇流管，经聚四氟乙烯绝缘引水管分别进入上、下层线棒，再经汽端的绝缘引水管进入汽端回水汇流管，最后返回外部水系统中。定子冷却水汇流的进、出口法兰均设在机座的侧上方，两端汇流管间设置排气和防止虹吸现象的连接管，该管位于机座内的最上部。汇流管的最低位置处设有排污法兰接口。

定子并联引线，引出线及定子出线瓷套端子的冷却水路为串联式单独水路，冷却水自励端汇流管经绝缘引水管进入引线铜排，经引线的出水端绝缘引水管与主引线的进水接头相连接，冷却水通过主引线后再经绝缘引水管进入瓷套端子，在瓷套端子的导电杆内循环后经出水绝缘引水管进入出线盒内的小汇流管，该小汇流管经机座外部的连接水管与发电机内的汽端回水汇流管相接，冷却水定子线棒的冷却水汇合后再回到外部水系统，这样可避免引线失水。

中性点的连接母线板亦为水内冷，水路与出线瓷套端子的水路串联。发电机的冷却水压为 $0.2\sim0.3\mathrm{MPa}$，冷却水量约为 $105\mathrm{m}^3/\mathrm{h}$。冷却水的电导率为 $0.5\sim1.5\mu\mathrm{S/cm}$。

（2）发电机的通风系统。发电机采用气隙取气径向多路通风系统，其特点如下：在发电机两端对称布置螺桨式轴流风扇，在发电机两端的顶部对称布置横装配的氢气冷却器，冷却器外罩的热风侧跨接在定子机座的第 1、11 风区，冷风侧的出风口在机座端部的上部，由机座隔板、内端盖以及导风环构成风扇前后的低、高压风区，定子铁芯共分成 11 个风区（以 300MW 机组为例），即 5 个进风区和 6 个出风区。此结构为转子提供了相应的进、出风道。这种定、转子风路对应的多路并联通道大大降低了所需的风压。风扇只需为铁芯、冷却器及有关风路气体循环提供风压。由于吹过铁芯的风还需要冷却转子绕组，因此其特点是需要的风量稍大，该系统所需风扇压力较低，定子铁芯及转子绕组冷却比较均匀。发电机通风冷却见图 2-13 和图 2-14。

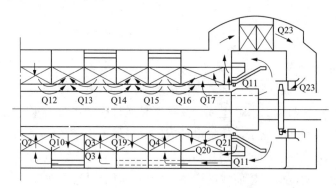

图 2-13　定子通风系统图

发电机转子绕组风路分为直线部分和端部部分，端部风路分为两路，一路冷却端部直线部分，一路冷却端部圆弧部分。这种端部两路通风结构有效降低了端部大号线圈的最高温升，使整个转子绕组温差较小而且温度较低。转子绕组端部下部由风区隔板分隔成 4 个风区，位于大齿的风区为绕组端部圆弧部分。转子绕组端部下部由风区隔板分隔成 4 个风区，位于大齿的风区为绕组端部圆弧段的出风区，热风经转子本体端部的通风槽进入气隙；位于小齿中心部的风区为进风区，各线圈的进风孔设在各匝导线的端部直线段上，冷

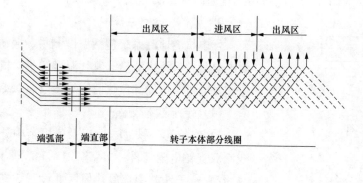

图 2-14　转子通风回路示意图

氢通过各匝导线的轴向通风沟进入转子槽部后经斜向风孔进入气隙热风区（第 1、11 风区）。

转子绕组直线部分沿轴向分为 11 向风区，其中第 1、3、5、7、9 及 11 等 6 个风区为热风区（出风区），第 2、4、6、8、10 等 5 个风区为冷风区（进风区），氢气在进风区经转子槽楔的风斗，进入转子线圈的进风侧通风孔，斜向至底匝导线后转向，经出风侧通风孔再进入出风区的槽楔风斗，返回到气隙，完成转子绕组直线部分的氢气循环。转子线圈通风回路示意图如图 2-14 所示。

转子磁极引线及极间连接线为氢内冷，其通风方式将采用考核机的方式。与转子风路相对应，定子机座和铁芯也分为 11 个风区，冷热风区的分布与转子的风区相同。在铁芯背部的机座隔板上装置分别通至各冷风区的轴向通风管，冷氢由机座端部分别进入各冷风区，冷却定子铁芯和转子绕组后返回到热风区，经热风管汇集于第 1 和第 11 风区后，再进入冷却器罩的热风侧，然后经冷却器换热冷却后，再进入风扇前，经风扇加压后重新进行循环。

定子铁芯本体共设有 95 个径向通风道供氢气通过以冷却铁芯。定子铁芯端部压指处也设有径向通风道以冷却端部构件。

端部磁屏蔽上共设有 4 个径向通风道，由磁屏蔽端板、分块压板、绝缘挡风板，背部挡风环构成磁屏蔽的风路，冷氢自磁屏蔽的内锥面进入径向通风道，冷却磁屏蔽后进入背部，经端板上的轴向通风孔进入第 1 和第 11 风区，再进入冷却器完成循环。

在定子绕组端部的内可调绑扎环上设有风路隔环，该环与转子护环间的等效间隙为 25mm（可根据试验结果调整）该环的作用为节制进入气隙的风量以调整进入定子第 1、第 11 风区和转子端部的风量。

为防止发电机冷热风区之间串风，除在铁心背部设置风区挡板外，拟在发电机气隙中装设径向风区隔环，考虑到装插转子等问题，该径向风区隔环为 5/6 圆周式，这将有效地加强转子的通风冷却进一步降低转子绕组的温升。

发电机出线盒设有单独的风路，出线盒的进风孔设在主引线旁侧的绝缘挡风板上，它们与定子端部的高压（冷）风区相通，而出风孔则在两主引线之间，该两组出风孔与机座法兰板上的出风孔相通并与机座端部设置的风道相连接，氢气经该风道进入第 1、第 11 风区再至冷却器完成循环。发电机出线盒通风示意图如图 2-15 所示。

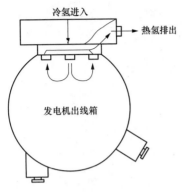

图 2-15　发电机出线盒通风示意图

9．发电机监测系统

发电机的监测系统包括温度测量、振动测量、对地绝缘电阻测量、漏水测量、氢气湿度测量、机内局部放电测量和发电机绝缘局部过热监测等（以 300MW 机组为例）。

（1）定子铁芯测温。

1）在铁芯、铁芯边段以及磁屏蔽中分别设置 8 支三线制双支铂电阻元件。

2）定子铁芯中部冷热风区共设置 3 支三线制双支铂电阻元件，其中在第 6 风区设置一支测冷风温度的元件，在第 7、第 9 风区分别设置一支测热风温度的元件。

3）在汽励端齿压板分别设置 4 支三线制单支铂电阻元件。

（2）定子绕组及主引线测温。

1）在汽端定子槽部上下层线棒之间埋置三线制单支铂电阻测温元件，每槽放置 2 支，1 支工作，1 支备用，共 84 个。

2）在汽端出水汇流管的水接头上设置测出水温度的三线制单支铂电阻测温元件，每个接头 1 个，共 84 个。

3）在出线盒内小汇流管的水接头上各装 1 支三线制单支铂电阻测温元件，测定子出线瓷套端子的出水温度，共 6 支。

（3）定子绕组冷却水汇流管测温。在励端进水汇流管和汽端出水汇流管上各设 1 个三线制双支铂电阻元件，共 2 支。

（4）冷却器外罩测温。在汽端和励端冷却器罩的冷风侧和热风侧各设置 1 支三线制双支铂电阻元件，两端共 4 个。

（5）轴承测温。在汽、励两端的轴承瓦块上各设 1 个双支式热电偶，两端轴承共 2 个双支式热电偶测温元件。

（6）转子振动测量。在汽、励两端的轴承外挡油盖上各设一个非接触式拾振器，测量转子轴颈振动，两端共 2 件。

（7）轴承座、轴承止动销、轴承顶块、中间环及外挡油盖的对地绝缘电阻测量。在发电机励端轴承座、轴承止动销、轴承顶块、中间环及外挡油盖处均设双重对地绝缘，在这些部件上均接有引出到机外的测量引线，供在发电机运行期间监测其对地绝缘电阻。为防止轴电流造成危害，在进油管与外部管道之间亦加设了绝缘。

10．发电机漏水监测

在发电机出线盒、机座中部、汽端下部及中性点外罩处，均装设法兰，用管道与装设在机外的浮子式发电机漏水探测器相连接。由于冷却器卧装在机座的上部，冷却器的漏水监测在冷却器外罩底部设二处漏水监测接口。

11．发电机局部放电射频检测仪

射频监测仪是通过高频电流传感器来监测发电机中性点上的电弧的高频信号，以发现定子线圈内部放电现象，对大型发电机定子绕组的局部放电现象进行早期检测及诊断。

12. 发电机局部过热监测仪

如果发电机运行中，其部件绝缘有局部过热时，过热的绝缘材料热分解后，产生冷凝核，冷凝核随气流进入装置内。由于冷凝核远比气体介质分子的体积大而重，冷却介质电离生成的负离子附着在冷凝核上，负离子运行速度受阻，从而使电离电流大幅度下降，电离电流下降率与发电机绝缘过热程度有关。

13. 氢气湿度监测

在线氢气湿度仪可直观地反映机内氢气的含湿量，因此可以有效地控制发电机机内氢气湿度。

第二节　汽轮发电机维护和检修

一、定子铁芯的检修

影响定子铁芯质量水平的因素很多，如铁芯材料的电气和机械性能退化或老化，机械性能松弛，由于不合理的拆卸和回装过程中遭受损伤或由于遗留在机座内部的异物等因素。

可分为三大区域检查铁芯，即内圆、外圆及端部。具体检查内容如下：

（1）在铁芯内圆应检查有无机械性损伤，有无局部过热引起漆膜变色或烧结的痕迹，引起片间短路处应予以处理，由于铁芯处于高磁密下，内圆上任何一点片间短路便会在该处导致局部过热。在恶性循环下短路会很快扩展从而烧毁铁芯，因此对这些片间短路必须十分仔细检查和修理。必要时可用感应加热铁芯法找短路发热点，使用热成像仪能更精确地测定任何片间短路。

（2）检查铁芯齿部叠片是否松动，如有局部松动应在该处用环氧玻璃层压片塞进；维修铁芯端部阶梯形叠片及齿压板时，对塞紧的环氧玻璃层压片的齿部应开小槽，以利于两端齿部通风冷却。

（3）在铁芯经过修理后，亦可用热成像仪检查修理质量，确保安全运行。

（4）检查铁芯内圆气隙隔板绑扎有无松动，材料是否老化，仔细检查铁芯的径向通风孔及其构架：通风孔应清洁畅通、无尘埃，无异物堵、阻通风孔道。

（5）检查两端分块压板、磁屏蔽、定位筋螺母、穿心螺杆的螺母和绝缘垫圈等结构件是否有过热或发现黄粉，如有黄粉应查明松动部位，并采取措施紧固。

（6）如要检查铁芯外圆弹性定位筋固定是否有松动，机座中的壁板内圆与铁芯外圆的风区隔板有无松动或脱落，或有无异物和杂质进入机座和铁芯外圆之间，由于空间狭小，只能挑选体型较小者进入机座人孔或两端冷却器框腔内，而且还有个别盲区可能无法进入，因此，这种检查需要克服较大困难。

（7）打开机座顶部的检查盖板，检查各夹紧环顶部的夹紧螺杆是否松弛，必要时予以拧紧。

定子铁芯的检查应用带非金属嘴（无尖锐边缘）的真空吸尘器清洁定子膛和两端的阶梯铁芯、通风孔、铁芯背部、齿压板等部位的尘垢，在定子膛内，小心地移动小磁棒，清除定子膛内小的铁屑和磁性颗粒。

二、定子绕组的检修

为了解定子绕组运行工况，定子绕组在清洁前，先进行初步的全面检查：密封油侵蚀部位，渗漏水的情况、端部部位是否出现黄粉、槽口处，线棒防晕层的完整性和是否有电晕放电痕迹。

定子线圈防晕结构在线圈的直线部分为低电阻半导体层，端部为中高阻半导体层。在槽内用绝缘波纹板作为径向固定，在线圈侧面用低阻半导体玻璃布板塞紧，使定子线棒表面在槽内得以充分接地，避免在高电压下槽内空隙电离导致线棒绝缘逐步恶化而损坏。但经过长期运行后，线棒在槽内不断振动，亦有可能使个别线棒丧失了在槽内良好的接地状态而引起一些电离现象。这样为了检测线圈表面防晕结构的完好程度，建议在抽出转子的情况下，在线圈上施加相当于定子相电压的电位，用超声波探测仪检测，将其探测棒沿着定子槽楔表面滑动，根据探测到的声频，可判断防晕结构有无局部缺陷并可确定缺陷具体位置。注意事项如下：

（1）定子检修工作时，严禁将水接头和绝缘水管作为攀手或立足点使用。定子清洁工作应用带非金属嘴（无尖锐边缘）的真空吸尘器，清洁端部绕组的尘垢，用干洁、无短棉纤维的细布，清除定子膛、出口槽、端部绕组、端部绕组的绝缘支撑件和绑线、进出水总管、绝缘引水管部位的油垢。

（2）定子检修完毕如要重新进行喷漆处理，则必须将槽楔测量小孔封盖完好，漆膜干燥后立即清除封盖。

（3）若采用超声波检测方式检查定子线棒防晕结构缺陷时，对测试人员应采取防止高压触电的相关措施。

三、定子槽楔的检修

检查的主要目的是检查槽楔和端部的固定支撑件处有无松动和"黄粉"出现，以及出槽口防晕层的工况，当出现有"黄粉"或有电晕放电痕迹时，应查明原因，采取措施，予以消除。槽楔检查时，应目察全部槽楔两侧，应无"黄粉"出现，仔细检查槽楔两侧，亦无渗水等锈蚀痕迹，用250g小锤，沿轴向打击槽楔，凭打击声和手指的移动，来检测松动槽楔和部位，当出现"空洞"声时，说明槽楔未打紧，切不要以为槽楔在轴向已打紧即认为槽楔已打紧了，检查两端槽楔无任何位移，出槽口槽楔固定良好。

检查线圈紧固程度可使用专用千分尺，通过槽楔上开有的测量孔测量波纹板的波峰和波谷的差值来加以衡量。

四、定子端部线圈的检修

发电机端部线圈的固定，采用成熟的刚—柔绑扎结构，为了使端部的振动降低到最小水平，还采用了环氧玻璃锥环和水龙带、适形填料等，整体用绝缘螺栓紧固，并由环氧树脂托架固定在铁芯端压板。端部的固定和振动频率，对发电机的安全运行有极大的影响，检查时要认真、仔细，对部件逐一进行检查。对不易检查的部位，应设法采用反光镜或必要时用内窥镜进行观察。端部线圈的检查，应用目察和医用反光镜或内窥镜，仔细检查端部线棒与绝缘压板、环氧玻璃锥体、内撑环等接触部位的两侧、励侧的相连环的固定部位、上层线棒出槽口部位、出线、中性线的固定部位、汽侧的进出水总管的固定部位和排气管的固定部位、线棒渐伸线 R 角、鼻部间的固定部位应无"黄粉"出现，亦无过热变色、水、油垢和绝缘破损等迹象。用目察和医用反光镜，检查上、下层线棒出槽口无电晕和放电痕迹，防晕层无破损、开裂或龟裂等现象；用力矩扳手，检查金属螺栓和螺母的紧固力矩，将原力矩值和拧紧力矩值记入检修报告。检查环氧螺栓和螺母，在运行后，应无松动。检查所有的紧固件，有完整的、良好的防松垫板或其他锁紧部件，亦无错用材质。用手（擦干）从进、出水管的绝缘水管接头起，到端部线棒鼻子（包括水接头盒），逐一检查绝缘水管的接头、水管和鼻子，表面均干燥，无渗水、无漏水迹象；绝缘水管的管接头已拧紧，且无开裂和渗水迹象。

五、定子引线、引出线的检修

检查引线、引出线及其绝缘表面有无损伤或过热现象，有无放电火花腐蚀痕迹，对引线铜排的支撑和垫块亦要查明有无松动或磨损情况。松弛会产生意外的振动频率，可能使引线铜排装配产生疲劳损坏，要仔细观察有无绝缘磨损的黄粉粉尘迹象。

对套管，应用无毒熔剂认真、仔细地检查清理，擦清套管表面和法兰部位的油或油膜，检查套管两端可见的密封件和接线端子、套管法兰部位的填料和固定螺栓、套管的表面、水回路和固定夹正常，检查从 U1、V1、W1 和 U2、V2、W2 起到发电机相连接环接头无渗水和漏水现象，固定夹工况良好，夹件无任何松动和磨损迹象。检查箱壳密封件处于良好工况，固定件完整，接地点已拧紧；没有两点接地现象，箱、盒表面完整及有良好的漆层；检查电流互感器无径向位移，手感电流互感器固定良好，内环绝缘材料应该完好。

六、定子穿心螺杆的绝缘检查及维护

铁芯由轭部穿心螺杆和外圆周上的定位筋螺杆经液压拉伸器拉伸后再拧紧螺母，压紧铁芯分块压板，使铁芯均匀压紧成为一个整体。为了确保穿心螺杆的绝缘绝对可靠，在螺母下设有高强度耐热 F 级的环氧玻璃胶布垫圈和云母绝缘套筒，以保证螺杆和绝缘套筒之间有足够的搭接距离。

检查穿心螺杆绝缘时，应使用 1000V 的绝缘电阻表检查定子穿心螺杆的绝缘电阻，绝缘电阻超过 $100M\Omega$，则表明绝缘性能是良好的。如果绝缘外表面积累了尘污或绝缘垫圈开裂则绝缘电阻值就低于此值，若一根穿心螺杆出现一点接地，对发电机运行不会产生危害。然而，在绝缘较低的情况下时，不能确定这根穿心螺杆涉及一点接地还是多点接地。由于穿心螺杆的绝缘故障有可能导致故障再扩展，从这一观点出发，要求绝缘电阻维持在

一个安全的绝缘电阻值，运行中有代表性的安全绝缘电阻值见表 2-1。

表 2-1   运行中有代表性的安全绝缘电阻值

绝缘电阻（MΩ）	绝 缘 情 况
≥100	正常
10～100	可能有尘污积聚，但程度相对较轻，可推迟到以后某个方便的时间处理
1～10	尘污积聚相对较严重，必须安排一次维护停机以便处理
<1	肯定是危险情况，为避免不正常运行危险，须立即处理

要求对所有发电机的穿心螺杆在正常大修或中修中检查绝缘电阻。如果绝缘垫圈出现裂纹，应予以更换为同材质的新垫圈；对污染的爬电表面可以拆开螺母加以处理，但必须小心不得转动螺杆或损伤螺杆的绝缘。

穿心螺杆周围的轭部是铁芯最结实的部位。在设计时已考虑到运行温度下不同材质有不同膨胀系数对铁芯压紧力的影响，因此要按设计的压紧力拧紧铁芯的穿心螺杆的螺母，确保在任何工况下都能均匀压紧的要求。

七、转子检修

发电机抽转子检修一般情况下随定子检修周期，为 5 年，但特殊情况下，如确认已发生故障后，或者经历了特殊的运行方式后，应及时安排检修试验。

（一）转子清理

发电机转子抽出后，首先应进行仔细的检查，封堵通风孔，防止异物进入，再进行清理。清理时，用吸尘器清理发电机转子表面积灰，用白细布沾溶剂将各发电机转子各部件进行清洁，无油污。用清洁细布擦净转子本体、护环、中心环、风扇、风扇座环等表面上的尘埃和油垢。撕去转子本体通风孔上的粘合带，用清洁细布擦净风口部位的尘埃和油垢。

（二）转子检查

（1）检查转子各部件无损坏，无松动，无脱落，检查护环、中心环、风扇座环及本体，应无裂纹、变形、位移、无锈斑、无过热，应无灼伤、过热、变色、放电痕迹和轻微裂纹。检查平衡块螺栓紧固并锁紧，无松动现象，样冲痕迹无位移。检查本体平衡块和槽楔平衡块与转子/槽楔齐平。检查平衡块四周无锈蚀。检查转子槽楔无松动，逐槽逐孔用手电筒进行目察，检查通风孔的槽楔工况、转子阻尼条、匝间绝缘垫条和楔下绝缘。检查转子通风孔有良好的同心度，孔壁齐整，无任何倾斜迹象，以免影响斜向风口通流面积。在逐孔检查的同时，清洁通风孔内易排除的异物。检查转子风扇叶片，风扇叶片应无裂纹、松动、缺口，表面无锈斑、无脏物，叶片与叶片座装配适当，锁紧衬套及螺钉牢固可靠。

（2）为检查转子在事故状态下运行时所遭受的损伤，要查找有无可能发展成裂缝的刻痕、浅沟，目检护环与转子本体之间的间隙是否保持均匀分配，应该仔细检查转子锻件各部位，特别是在本体上是否有由于发电机负序电流或非同期运行后而遭受机械损伤或过热迹象。

（3）当转子遭受在静止状态下突然合闸通电的事故时，在转子本体及转子槽楔上将流过非常大的电流，这样将会导致转子槽楔熔化并使转子本体出现裂纹，故要仔细检查转子槽楔是否有烧损、磨损或位移的痕迹；上述故障电流还会通过护环与转子的热套面而环流，因此，必须仔细检查护环和转子配合面上有无过热变色及机械损伤，用工业内窥镜观察护环下的端部线圈有无位移或变形，绝缘垫有无松动现象，必要时可拆去风扇座环，用小反光镜观察。当有拆开护环必要进行查看时，应检查护环内绝缘套筒有无位移或损伤。

（4）检查导电螺钉，目查导电螺钉端面，应无过热、无脱银、无伤痕、平整。检查导电螺钉与转子绕组引线连接处螺母，应紧固，无过热现象。如有其他原因需要拆护环时，应查明 J 形连接线与极间连接线内部通风道有无堵塞，亦无过热变色迹象，绕组端部绝缘包括绝缘垫块、匝间绝缘和极间连接线绝缘亦无位移或损伤且表面清洁，轴向导电杆的绝缘在轴端无松弛或裂纹，或过热变色的痕迹，也没有遭受电弧的损伤。轴向引线与励磁引线连线的垂直平面亦无凹痕过热或跳火的迹象。检查风扇叶片与环座固定牢固，叶片无损伤、裂纹、开裂。

第三节　汽轮发电机常规试验

一、绝缘电阻试验

发电机各部件绝缘电阻检测按表 2-2 中规定进行。

表 2-2　　　　　　　　　　　发电机各部件绝缘电阻检测

序号	试验项目	期望值（MΩ）	试验电压（V）	备　注
1	定子绕组	＞50（1min）	2500	（1）在发电机出口与封闭母线断开时，测量每相对接地的机壳和接地的其他两相的绝缘电阻。 （2）如果极化指数小于 2，且吸收比小于 1.3，说明定子绕组绝缘已受潮
2	定子汇流管及出线盒内汇流管	≥1（1min）	500	在未与外部冷却水系统连接前且温度在 10～30℃ 范围
3	转子绕组	10～50	500	（1）温度在 10～30℃ 范围内。 （2）如果励磁机未拆开，应将整流组件的所有二极管短接，以确保二极管的安全
4	测温元件	≥5	250	
5	轴承	≥1	1000	在油管路完全装好，轴承与轴颈接触情况下，测量励端轴承垫块与端盖之间的绝缘电阻值
6	油密封装置	≥1	1000	密封座垫与挡油盖与端盖之间的绝缘电阻值
7	铁芯穿芯螺杆、分块压板	≥100	1000	穿芯螺杆之间，穿芯螺杆与铁芯分块压板之间及铁芯分块压板之间的绝缘电阻值
8	励磁机定子、转子	≥10	500	
9	永磁机电枢	≥10	500	

注　1. 测量定子绕组绝缘电阻值时，应采用水内冷电机定子绝缘测试仪进行测量，总进出水管接到仪表的屏蔽端子上。

　　2. 当温度在 10～30℃ 范围内定子绕组吸收比 R60/R15 应不小与 1.3，否则应对其进行干燥处理。

　　3. 测量定子绕组绝缘电阻时，必须核实定子绕组水路系统内无水，或者通入导电率合格的内冷水。

二、耐压试验

发电机绝缘的介电强度（耐电压）试验按照表 2-3 中规定进行，时间为 1min。定子绕组绝缘介电强度试验必须具备下列条件：

（1）定子绕组与引线的连接处绝缘包扎完毕并烘干固化。

（2）定子绕组内冷水路与外部水系统接通，水质化验确认合格，内冷水可正常循环。

（3）定子绕组的各相绝缘电阻值（相间及对地）均不于 1000MΩ（用 2500V 水内冷电机电子绝缘测试仪分相试验 1min 的数值）。

当任何一相的绝缘电阻值因受潮面低于上述要求时，应对其进行干燥处理。可用加热的内冷水通入定子绕组水路进行循环，水温控制在 70～80℃ 范围内。

转子绕组（及引线装置）对地绝缘介电强度试验，根据用户与制造厂协商确定是否进行。在进行试验前，应测量其绝缘电阻值。如果转子绕组绝缘电阻值低于合格证之值的一半时，应对其进行干燥处理。

表 2-3　　　　　　　　　　　　发电机绝缘强度试验

序号	试验项目	试验电压标准	期望值（V）
1	定子绕组直流耐压	50kV（1min）	
2	定子绕组交流耐压	30kV	
3	转子绕组交流耐压	$10U_{fn} \times 75\%$ 或用 2500V 绝缘电阻表代替，4410V	
4	定子绕组端部手包绝缘表面电位测量	20kV（直流）	≤500

注　1. 无论是绝缘的直流介电强度试验，还是交流工频介电强度试验，均必须在通水情况下进行，其流量应不小于额定值的 75%，水质必须合格。

　　2. 定子绕组端部手包绝缘表面电位测量在耐压试验前进行，超差必须先消缺，此试验用以检测端部绝缘状态。

　　3. 发电机的安装交接绝缘介电强度试验只能进行一次，不许重复，在以后的检修中需要进行介电强度试验时，必须适当递减施加电压值，时间均为 1min。

三、直流电阻试验

发电机绕组冷态直流电阻值测量按表 2-4 中规定进行。

表 2-4　　　　　　　　　　发电机绕组冷态直流电阻值测量

序号	试验项目	试验条件及标准
1	定子绕组	分别测得每相电阻值，测得的各项电阻值（扣除引线电阻值）相差不得超过 1%。同一相电阻测量结果与以前测得值相差不得超过 2%（同一温度下）
2	转子绕组	测得的电阻值与以前测得值相差不得超过 1%（同一温度下）
3	铂电阻测温元件	测量每个元件及其接到端子板的引线的电阻值

注　在记录电阻值的同时，应认真测取被试部件的平均温度并记录。

四、转子绕组交流阻抗试验

在发电机转子静止及不同转速下（从 500～3000r/min 分成若干段）测量发电机转子的交流阻抗值，还应在其他情况下（如转子在机内、外及定子绕组开路和短路等）测量转子绕组的交流阻抗值，并与以前测得的结果进行比较。交流阻抗测量值与前次比较应无显著变化。

五、转子绕组两极电压试验

为判断发电机转子是否存在匝间短路故障，应对发电机转子进行两极电压试验，试验电压 220V。

六、定子铁芯损耗试验

做铁芯磁密为 1.4T 下铁芯损耗试验。在规定的时间间隔记录一次热风区测温元件的温度并用红外线成像仪检查铁芯齿部温度，最终将试验结果折算到实际磁通密度下的温升，通过单位铁损以及温升是否满足标准来判断铁芯的缺陷。

七、轴电压测量

在发电机停机前或启动后带励磁的情况下测量轴电压。汽轮发电机大轴对地电压一般小于 10V。

八、非电气性试验项目

1. 超声波探伤
(1) 护环探伤。每次大修探伤一次（表面缺陷也可用着色法检查）。
(2) 转子探伤：转子运转 10 年后，用超声波检查锻件内部。
(3) 转子槽楔探伤：非调峰式转子应根据运行情况进行该探伤。
(4) 轴瓦钨金：用着色法和超声波探伤检查脱壳情况。
2. 激振试验
当怀疑有振动过大的问题时，检查结构件动态频率响应是否有自振频率落在运行倍频范围内，如定子绕组的端部接头、相连接线、主出线、导风圈、出线盒、定子机座等。
3. 机座振动及噪声分析
若发电机噪声和机座振动有所增大，为分析原因，要在带负荷运行状态下围绕发电机及励磁机四周，在不同位置测量噪声水平和机座振动。
4. 热水流试验
检查定子冷却水路是否畅通。试验项目如下：
(1) 定子绕组气压、气密或水压试验。
(2) 转子气密试验。
(3) 发电机气密试验。

九、励磁机组试验

励磁机组由永磁机、主励磁机、整流轮组成，其主要试验项目如下：

（1）主励磁机定子绝缘电阻试验。

（2）主励磁机定子直流电阻试验。

（3）整流轮绝缘电阻试验。

（4）整流轮二极管特性试验。

（5）整流轮熔丝直流电阻试验。

（6）整流轮阻容回路试验。

（7）永磁机直流电阻试验。

（8）永磁机绝缘电阻试验。

对二极管的反向泄漏电流试验，应选择一个输出电压为1000V的直流稳压电源构成直流试验电路，并将一个适宜的电容滤波器跨接到此电源输出端，以得到平滑的直流输出波形，被试二极管串接一个合适的毫安表接到电源输出端，通以1000V直流电压时，此二极管反向泄漏电流应小于45mA。

第四节 发电机常见故障分析

一、发电机相间短路

发电机定子绕组端部固定结构存在设计和工艺缺陷，有可能在运行一段时间后发生松动，进而使线棒磨损，发生相间短路事故，国产大型汽轮发电机常发生端部线圈相间短路事故，使发电机遭受极大破坏。特别是对水内冷汽轮发电机，因其端部特殊的绝缘结构，在运行中发生相间短路故障的概率相对较大。防止大型汽传输线发电机定子相间短路故障的措施有：

（1）加强定子绕组端部线圈的检查。

（2）对手包绝缘进行直流耐压试验。

（3）大修时测量定子绕组端部固有频率及进行振型模态试验。

（4）严格控制机内氢气湿度，防止发电机绝缘受潮。

（5）有条件的可考虑安装定子绕组端部线圈振动在线监测仪 SEVM。

（6）防止金属异物遗留在定子内。

二、定子绕组堵塞和断水

大型汽轮发电机在运行中因多种原因会造成定子绕组堵塞或断水，造成定子绕组堵塞或断水的原因有制造、安装、检修时遗留杂物在水路，水质控制不严，pH 值过高或过低，造成 CuO 沉淀结垢；进水管路滤网破裂，杂质进入水路等，防止大型汽轮发电机定子绕组堵塞或断水的措施有：

（1）提高设计、制造、安装质量，提高运行维护工艺，加强各工序的检查验收。

（2）对水路进行认真的反冲洗。

（3）检温计应准确可靠，滤网应可靠。

（4）采用能抗油污的过热报警装置。

（5）及时检查因各种原因造成的堵塞。

三、定子铁芯故障

发电机定子铁芯发生故障，会使发电机运行温度升高，不利于安全运行。造成发电机定子铁芯故障的原因有：片间绝缘损坏；铁芯压装松动；铁芯端部压指偏；定子绕组接地烧损定子铁芯等，不同的故障应采用不同的方法进行分析处理。防止大型发电机定子铁芯故障的措施有：

（1）加强铁芯制造工艺，防止毛刺引起铁芯短路。

（2）提高安装工艺，保证安装质量，压紧铁芯，防止铁芯松动。

（3）防止铁芯压大力过大，损坏片间绝缘。

（4）防止发电机超电压运行。

（5）防止异物进入发电机引起短路。

（6）保证铁芯压装时的温度，防止温度偏低。

（7）加强保护装置的运行管理，提高保护正确动作率。

（8）老机组和有疑问的机组应进行定子铁芯损耗试验。

四、防止转子绕组接地和匝间短路

发电机转子结构复杂，因制造、运行、维护等原因，常常会发生匝间短路故障，造成发电机转子匝间短路故障的原因一般有以下方面：制造或安装时未清理净金属异物；铜导体焊接不良；转子绕组运行温度高，局部过热，匝间绝缘烧损；运输保管不当，受潮或脏污；导电螺钉绝缘损坏；转子通风道堵塞，垫条位移等。为保证机组安全运行，防止匝间短路故障的措施有：

（1）加强制造工艺，防止毛刺、金属异物引起短路。

（2）加强转子运输过程管理，防止运输保管不当，受潮或脏污引起匝间短路或接地。

（3）防止机内进油造成污染。

（4）加强转子匝间短路故障的检查试验。

（5）制定机组调峰运行规定，加强转子特殊部位检查。

（6）加强检修过程中的管理，防止异物、小动物进入通内孔。

（7）大修时必须进行通风试验。

 思 考 题

1. 汽轮发电机的基本工作原理是什么？

2. 汽轮发电机的结构包括哪些？

3. 汽轮发电机边段铁芯为什么设计成阶梯状？

4. 汽轮发电机转子风区是如何构成的？

5. 汽轮发电机定子槽楔的要求有哪些？

6. 汽轮发电机转子护环、中心环的作用各是什么？

7. 如何防止轴电压造成的伤害？

8. 汽轮发电机检测系统包括哪些？

9. 汽轮发电机测温元件是如何布置的？

10. 汽轮发电机定子铁芯主要检修项目有哪些？

11. 汽轮发电机定子端部线圈主要检查项目有哪些？

12. 汽轮发电机转子主要检修项目有哪些？

13. 汽轮发电机常规试验项目有哪些？

14. 汽轮发电机轴电压测量要求及标准是什么？

15. 汽轮发电机非电气试验项目有哪些？

16. 汽轮发电机常见故障有哪些？

第三章

电 力 变 压 器

第一节　变压器的作用及原理

电力变压器（简称变压器）是用来改变交流电电压大小的电气设备。它根据电磁感应的原理，把某一等级的交流电压交换成另一等级的交流电压，以满足不同负载的需要。因此变压器在电力系统和供用电系统中占有非常重要的地位，其作用如图 3-1 所示。

发电机输出的电压，由于受发电机绝缘水平的限制，通常为 6.3kV、10.5kV、20kV，最高不超过 22kV。用这样低的电压进行远距离输电是有困难的。因为当输送一定功率的电能时，电压越低，则电流越大，电能有可能大部分消耗在输电线的电阻上。所以只能用升压变压器将发电机的端电压升高到几万伏甚至几十

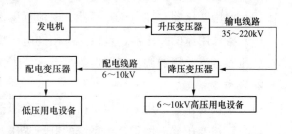

图 3-1　电力变压器作用示意图

万伏，以便降低输送电流，减小输电线路上能量损耗，将电能远距离传输出去。

输电线将几万伏或几十万伏高电压的电能输送到负荷区后，必须经过降压变压器将高电压降低到适合用电设备使用的低电压。为此，在供用电系统中，需要降压变压器，将输电线路输送的高电压变换成各种不同等级的电压，以满足各种负荷的需要。

变压器的工作原理示意图如图 3-2 所示。变压器的一次绕组和二次绕组相当于两个电感器，当交流电压加到一次绕组上时，在一次绕组上就形成了电动势，产生出交变的磁场，二次绕组受到一次绕组的作用，也产生与一次绕组磁场变化规律相同的感应电动势（电压），于是二次绕组输出交流电压，这就是变压器的变压过程。

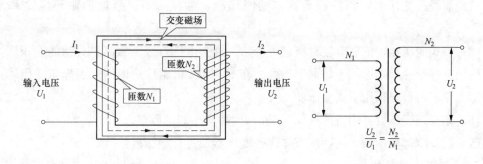

图 3-2　变压器的工作原理示意图

变压器的输出电压和绕组的匝数有关，一般输出电压与输入电压之比等于二次绕组的匝数 N_2 与一次绕组的匝数 N_1 之比，即 $U_2/U_1 = N_2/N_1$；变压器的输出电流与输出电压成反比（$I_2/I_1 = U_1/U_2$），通常降压变压器输出的电压降低，但输出的电流增大了，具有输出强电流的能力。

第二节 变压器的分类及结构

一、变压器的分类

1. 按用途分

(1) 电力变压器，用于电力系统的升压或降压。

(2) 试验变压器，产生高压，对电气设备进行高压试验。

(3) 仪用变压器，如电压互感器、电流互感器，用于测量仪表和继电保护装置。

(4) 特殊用途的变压器，包括冶炼用的电炉变压器、电解用的整流变压器、焊接用的焊接变压器、试验用的调压变压器等。

2. 按相数分

(1) 单相变压器，用于单相负荷和三相变压器组。

(2) 三相变压器，用于三相系统的升、降压。

3. 按绕组形式分

(1) 自耦变压器，用于连接超高压、大容量的电力系统。

(2) 双绕组变压器，用于连接两个电压等级的电力系统。

(3) 三绕组变压器，用于连接三个电压等级的电力系统，一般用于电力系统的区域变电站。

4. 按铁芯形式分

(1) 芯式变压器，用于高压的电力系统。

(2) 壳式变压器，用于大电流的特殊变压器，如电炉变压器和电焊变压器等；或用于电子仪器及电视、收音机等电源变压器。壳式结构也可用于大容量电力变压器。

5. 按冷却介质分

(1) 油浸式变压器，如油浸自冷、油浸风冷、油浸水冷、强迫油循环风冷和水内冷等。

(2) 干式变压器，依靠空气对流进行冷却。这类电压等级不太高、无油的变压器，通常采用风机进行冷却，适用于防火等场合。在 600MW 机组厂房内的厂用低压变压器，就出于防火要求而普遍采用干式变压器。

(3) 充气式变压器，用特殊气体（SF_6）代替变压器油散热。

(4) 蒸发冷却变压器，用特殊液体代替变压器油进行绝缘散热。

6. 将变压器按容量分

(1) 配电变压器，电压在 35kV 及以下，三相额定容量在 2500kVA 及以下，单相额定容量在 83kVA 及以下，具有独立绕组，自然循环冷却的变压器。

（2）中配变压器，三相额定容量不超过 100MVA 或每柱容量不超过 33.3MVA，具有独立绕组，且额定短路阻抗符合要求。

（3）大型变压器，三相额定容量 100MVA 以上，或其额定短路阻抗符合要求。

二、变压器的基本结构

以油浸式变压器结构为例，主要由器身、油箱、冷却装置、保护装置、出线装置等组成，如图 3-3 所示。油浸式变压器详细结构示意图如图 3-4 所示。

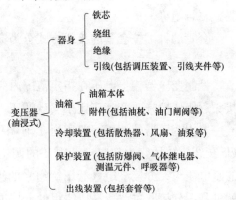

图 3-3　油浸式变压器结构图

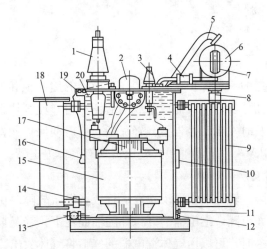

图 3-4　油浸式变压器详细结构示意图

1—高压套管；2—分接开关；3—低压套管；4—气体继电器；5—防爆管；6—油枕；7—油位表；
8—吸湿器；9—散热器；10—铭牌；11—接地螺栓；12—油样活门；13—放油阀门；14—活门；
15—绕组；16—温度计；17—铁芯；18—净油器；19—油箱；20—变压器油

（一）套管

套管是将变压器高、低压绕组的引线引到油箱外部的绝缘装置。它既是引线对地（外壳）的绝缘，又担负着固定引线的作用。变压器套管是变压器载流元件之一，在变压器运行中，长期通过负载电流，当变压器外部发生短路时通过短路电流。因此，对变压器套管有以下要求：

（1）必须具有规定的电气强度和足够的机械强度。

（2）必须具有良好的热稳定性，并能承受短路时的瞬间过热。

（3）外形小、质量小、密封性能好、通用性强和便于维修。

因电压等级不同，绝缘套管有纯瓷套管、冲油套管、电容套管等型式。套管外绝缘伞形一般采用大小伞，以满足各种污秽等级和绝缘水平的要求。

套管的种类按照主绝缘结构分为电容式和非电容式。电容式绝缘包括胶粘纸、油浸纸、浇注树脂、其他绝缘气体或液体；非电容式绝缘包括气体绝缘、液体绝缘、浇注树脂、复合绝缘。

套管的种类按套管的接线方式分为穿缆式套管和导电杆式套管。

（二）分接开关

控制变压器输出电压在指定范围内变动的调节组件。利用分接开关对变压器绕组的分接头逐级切换来改变其变比来实现调压。

电力变压器的调压一般用恒磁通调压。不论分接开关在哪个位置，不带分接的绕组（低压绕组）始终为额定空载电压的调压方式为恒磁通调压。即有分接绕组（高压绕组）的匝电压与无分接绕组（低压绕组）的匝电压相等。为保证二次侧始终为恒定电压输出，就可利用分接开关改变高压绕组的分接位置来实现。

变压器调压装置分为有载调压和无载（无励磁）调压，一般采用分体式结构，由调压装置本体及操动结构两部分组成。操动机构又分为电动及手动两种。关于分接开关详细介绍参见本章第五节内容。

（三）气体继电器

1. 气体继电器介绍

气体继电器是变压器的一种保护装置，装在变压器的储油柜和油箱之间的管道内，利用变压器内部故障而使油分解产生气体或造成油流涌动时，使气体继电器的接点动作，接通指定的控制回路，并及时发出信号告警（轻瓦斯）或启动保护元件自动切除变压器（重瓦斯）。一般容量在 800kVA 以上的油浸式变压器均有气体继电器。

2. 轻瓦斯故障原因及动作原理

（1）轻瓦斯故障原因。轻瓦斯主要反映在运行或者轻微故障时由油分解的气体上升入气体继电器，气压使油面下降，继电器的开口杯随油面落下，轻瓦斯干簧触点接通发出信号，当轻瓦斯内气体过多时，可以由气体继电器的气嘴将气体放出。

（2）轻瓦斯动作原理。当变压器油箱内部发生故障时，故障点温度上升，导致故障点周围的油温随之上升，继而导致溶解于油内的空气变少，多余的空气会被挤出，同时若有局部放电或者电弧现象发生，会将绝缘油电离分解，产生瓦斯气体。

当故障比较轻微时，故障产生的气体比较少，形成的气泡较小，这些气泡最终汇集在气体继电器拱顶位置，迫使继电器内部的油位缓慢下降，导致漂浮于油面的上浮子也随之下降，到达设定值后，磁触点式干簧管触点闭合，接通报警回路，发出轻瓦斯动作信号。当变压器漏油时，同样由于油面下降而发出轻瓦斯信号。

3. 重瓦斯故障原因及动作原理

（1）重瓦斯故障原因。重瓦斯主要反映在变压器内部严重故障（特别是匝间短路等其他变压器保护不能快速动作的故障）产生的强烈气体推动油流冲击挡板，挡板上的磁铁吸引重瓦斯干簧触点，使触点接通而跳闸。

（2）重瓦斯动作原理。当变压器油箱内部发生严重故障时，油箱内产生大量气体，变压器油箱和油枕之间联管中出现强烈的油流。当油流流速达到整定速度值时，油流对挡板冲击力克服弹簧的作用力，挡板被冲动，带动磁铁向干簧触点方向移动，使干簧触点闭合，发出跳闸脉冲，断开变压器各电源侧的断路器。

（四）防爆管

防爆管又称安全气道，装在油箱的上盖上，由一个喇叭形管子与大气相通，管口用薄膜玻璃板或酚醛纸板封住。为防止正常情况下防爆管内油面升高使管内气压上升而造成防爆薄膜松动或破损及引起气体继电器误动作，在防爆管与储油柜之间连接一小管，以使两处压力相等。

（五）油枕

油枕也叫辅助油箱，它是由钢板做成的圆桶形容器，水平安装在变压器油箱盖上，用弯曲联管与油箱连接，油枕的一端装有油位指示计，油枕的容积一般为变压器油箱所装油体积的 8%～10%。其作用是使变压器内部充满油，由于油枕内油位在一定限度，当油在不同温度下膨胀和收缩时有回旋余地，并且油枕内空余的位置小，使油和空气接触得少，减少了油受潮和氧化的可能性，另外，储油柜内的油比油箱上部的油温低很多，几乎不和油箱内的油对流。在油枕和油箱的连接管上装有气体继电器，来反映变压器的内部故障。

常规油枕有敞开式、隔膜式和胶囊式，大型变压器为了保证变压器油的性能，一般采用隔膜式和胶囊式，以避免变压器油与空气直接接触，通过呼吸器发生排气和吸气作用，所以油枕内的绝缘油通过呼吸器与大气连通，内部干燥剂吸收空气中的水分和杂质，以保持油的质量。

（六）油位计

油枕上装有油位计，一般采用磁力油位计或浮子油位计，变压器油温与油位计相对应，用以监视变压器油位的变化。

（七）吸湿器

吸湿器又称呼吸器，常用吸湿器为吊式吸湿器结构。吸湿器内装有吸附剂硅胶，油枕内的绝缘油通过吸湿器与大气连通。

当储油柜油面下降时，外部空气因为大气压的作用，先通过呼吸器底部变压器油，滤去杂质，再通过干燥剂吸去水分，最后进入储油柜，保证了变压器油的绝缘强度。

（八）散热器

变压器在运行过程中，由于有铁耗和铜耗的存在，这些损耗都将转换成热能而向外发散，从而引起变压器不断发热和温度升高。为了保证变压器散热良好，必须采用一定的冷却方式将变压器中产生的热量带走。变压器散热不好，将导致变压器温度上升，超过变压器允许的温升水平，轻则减少变压器的使用寿命，重则损坏变压器。

对于变压器，一般用四个字母顺序代号标志其冷却方式。干式变压器均采用自冷或风冷方式。油浸式变压器冷却方式种类如表 3-1 所示。

以强迫油循环风冷式冷却装置为例，其冷却装置含散热器、冷却器风扇、潜油泵、油流继电器、冷却器控制系统，其中：潜油泵起到加速油循环，为防止油流带电，其转速不超 1000r/min。油流继电器是检测潜油泵工作状态的大部件，安装在油泵出口管路上。冷却器控制系统是根据变压器运行时的温度或负载高低，手动或自动控制投入或退出冷却设备，从而使变压器的运行温度控制在安全范围。冷却器控制系统一般使用双路电源。

表 3-1 油浸式变压器冷却方式种类表

冷却方式	标识方法	标识字母及意义			
		变压器内部绕组和铁芯冷却方式		变压器外部冷却装置冷却方式	
		第一字母 （冷却介质）	第二字母 （循环方式）	第三字母 （冷却介质）	第四字母 （循环方式）
油浸自冷	ONAN	油	热虹吸自然循环	空气	自然对流循环
油浸风冷	ONAF	油	热虹吸自然循环	空气	风扇吹风强迫空气循环
强油风冷	OFAF	油	油泵强迫循环	空气	风扇吹风强迫空气循环
强油导向风冷	ODAF	油	油泵强迫按导向结构进入 绕组内部循环	空气	风扇吹风强迫空气循环

（九）绕组

变压器的绕组是电流的通路，靠绕组通入电流，并借电磁感应作用产生感应电动势。一般用绝缘的铜线或铝线绕成。

大型电力变压器采用同心式绕组，通常低压绕组靠近铁芯，高压绕组在外侧。这主要是绝缘要求容易满足和便于引出高压分接开关来考虑。三相绕组的结构和引线连接方式决定了各绕组的连接组别号；绕组的直径和高度决定了短路阻抗。

（十）温度计

通常大中型油浸式变压器均安装有1台绕组温度表、2台油温表，用于就地及控制室观察变压器油温、启动或退出冷却器、发出温度过高的告警信号。

温度表（计）由感温部件（温包）、传感导管（导管）、变流器（绕组表）、电热元件（绕组表）、弹性元件、温度变送器、数字温度显示调节仪组成。

温度表的温包插在变压器顶层的油孔内，当变压器顶层油温变化时，感温部件内的感温介质的体积随之变化，这个体积增量通过传感导管传递到仪表内弹性元件，使之产生一个相对位移，这个位移经机构放大后，便可指示被测温度，并去顶微动开关，输出开、关控制信号以启停冷却器系统，达到控制变压器温升的目的。

绕组温度表当变压器负荷为零时，绕组温度计的读数为变压器油的温度。当变压器带上负荷后，通过变压器高压侧电流互感器取出的二次电流，经变流器调整后流经电热元件，电热元件产生热量使弹性元件的位移增大。因此变压器绕组温度表指示的温度是由变压器顶层油温和变压器负荷电流二者决定，反映了被测变压器绕组的最热部位温度。

（十一）铁芯

变压器的铁芯是磁力线的通路，起集中和加强磁通的作用，同时用以支持绕组。铁芯是变压器最基本的组成部件之一，铁芯分为铁芯柱和铁轭两部分，铁芯柱上套绕组，铁轭将铁芯柱连接起来，使之形成闭合磁路。为了提高磁路导磁系数和降低铁芯内涡流损耗，铁芯通常采用0.3mm、表面绝缘的硅钢片、斜切钢片叠装方法制成。叠装好的铁芯，其铁轭采用槽钢（或焊接夹件）螺杆固定，铁芯柱采用环氧玻璃丝带绑扎。

变压器的空载损耗主要取决于硅钢片的单位损耗、工艺系数和铁芯柱的截面积。硅钢片的单位损耗主要取决于硅钢片的牌号；工艺系数主要取决于生产厂家的工艺水平；铁芯柱的截面积越大，空载损耗越大，铁芯柱的截面积越小，空载损耗越小。

（十二）净油器

变压器的净油器也是一个充有吸收剂的容器。当变压器油流经吸收剂时，油中所带的水分、游离酸和加速绝缘老化的氧化物等皆被吸收，借此使变压器油得到连续再生。

根据油在净油器内的循环流通的方式不同，净油器可分为温差环流法和强制环流法两类。变压器运行时，由于上下层油存在温差，于是变压器油从上至下经过净油器，这种方式称为温差环流法，常用于油浸自冷或油浸风冷变压器。强制环流法净油器需有强迫油循环的机械力（如油泵）作为油流动的动力，适用于强迫油循环冷却的变压器。

（十三）油箱

油箱是变压器的外壳，内装铁芯和绕组，并充满变压器油。一般有载调压变压器采用分体式油箱及油枕，一个为本体油箱；一个为有载调压油箱。因为分接开关在操作过程中会产生电弧，若进行频繁操作将会使油的绝缘性能下降，因此设一个单独的油箱将分接开关单独放置。

常见的变压器油箱按其容量的大小，有箱式油箱、钟罩式油箱和密封式油箱三种基本型式。箱式油箱用于中、小型变压器，箱沿设置在油箱的顶部，箱盖与箱沿用螺栓相连接；钟罩式油箱用于大型变压器，箱沿设置在油箱的下部，一般距箱底 250～400mm，上节油箱做成钟罩形，下节油箱一般为槽形箱底或平板式箱底，上、下节油箱用螺栓连接在一起；密封式油箱是在器身总装全部完成装入油箱后，它的上下箱沿之间不是靠螺栓连接，而是直接焊接在一起的，形成一个整体，从而实现油箱的密封。

变压器油箱应采用高强度钢板焊接而成，且目前大型变压器厂均采用机器人焊接。油箱内部采取防磁屏蔽措施，以减小杂散损耗。油箱顶部带有斜坡，以便泄水和将气体积聚通向气体继电器。凡可产生窝气之处都应在其最高点设置放气塞，并连接至公用管道以将气体汇集通向气体继电器。高、中压套管升高座设置设一根集气管连接至油箱与气体继电器间的连管上。通向气体继电器的管道有 1.5% 的坡度。气体继电器装有防雨措施，并将采气管引至地面。

变压器油箱装有下列阀门：①变压器主油箱、储油柜的排污阀；②取油样阀；③滤油、隔离、抽真空、注油及事故排油阀等。

（十四）变压器油

变压器油是石油的一种分馏产物，它的主要成分是烷烃、环烷族饱和烃、芳香族不饱和烃等化合物，俗称方棚油，为浅黄色透明液体，相对密度为 0.895，凝固点小于－45℃。

1. 变压器油的主要作用

（1）绝缘作用：变压器油具有比空气高得多的绝缘强度。绝缘材料浸在油中，不仅可提高绝缘强度，而且还可免受潮气的侵蚀。

（2）散热作用：变压器油的比热容大，常用作冷却剂。变压器运行时产生的热量使靠近铁芯和绕组的油受热膨胀上升，通过油的上下对流，热量通过散热器散出，保证变压器正常运行。

（3）消弧作用：在油断路器和变压器的有载调压开关上，触头切换时会产生电弧。由于变压器油导热性能好，且在电弧的高温作用下能分触了大量气体，产生较大压力，从而提高了介质的灭弧性能，使电弧很快熄灭。

2. 变压器油的性能要求

（1）变压器油密度应尽量小，以便于油中水分和杂质沉淀。

（2）黏度要适中，黏度太大会影响对流散热，黏度太小又会降低闪点。

（3）闪点应尽量高，一般不应低于 136℃。

（4）凝固点应尽量低。

（5）酸、碱、硫、灰分等杂质含量越低越好，以尽量避免它们对绝缘材料、导线、油箱等的腐蚀。

（6）氧化程度不能太高。氧化程度通常用酸价表示，它指吸收 1g 油中的游离酸所需的氢氧化钾量（毫克）。

（十五）绝缘材料及结构

（1）变压器的绝缘材料主要有电瓷（复合绝缘）、电工层压木板、绝缘纸板等。

（2）变压器的绝缘结构分为外绝缘和内绝缘两种。

（3）外绝缘指的是油箱外部的绝缘，主要是一次、二次绕组的出线套管，它构成了相与相之间和相对地的绝缘；其选型主要由使用地污秽等级、电压等级确定。

（4）内绝缘指的是油箱内部的绝缘，主要是绕组绝缘、内部引线绝缘、铁芯绝缘、分接开关绝缘等。

（5）绕组绝缘又可分为主绝缘和纵绝缘两种。主绝缘指的是绕组与绕组之间、绕组与铁芯、油箱之间的绝缘；纵绝缘指的是同一绕组匝间及层间的绝缘。

（十六）压力释放阀

压力释放阀安装于变压器的顶部，变压器一旦出现故障，油箱内压力增加到一定数值时，压力释放阀在 2ms 内迅速动作，释放油箱内压力，从而保护油箱本身。变压器油箱内的压力降到正常值时，压力释放阀关闭，能保证油箱外的水和空气不能进入油箱，变压器内部不受大气污染。

压力释放阀动作时，微动开关动作，发出报警信号，也可接入变压器跳闸回路，使变压器停止运行。

（十七）升高座

变压器升高座由升高座壳体、顶端法兰构成，起到支撑和固定套管的作用，内部还装有套管式电流互感器，用于保护、测量、电气仪表等。

第三节　变压器的检查及运行维护

电力变压器是电力系统中非常重要的设备，它的安全运行直接关系到电网能否安全运行。电力变压器一旦故障，将对供电的可靠性和系统的正常运行带来严重影响，甚至可能造成大面积停电，造成很大的经济损失。因此，必须加强变压器的运行维护，确保变压器的安全稳定运行。

变压器在事故发生之前，一般都会有异常情况，在对变压器的结构、变压器运行规范及标准了解的基础上，加强变压器的日常巡检，及时发现变压器缺陷，及时处理，避免变压器事故发生。

一、变压器运行中的检查

（1）检查变压器上层油温是否超过允许范围。由于每台变压器负荷大小、冷却条件及季节不同，运行中的变压器不能以上层油温不超过允许值为依据，还应根据以往运行经验及在上述情况下与上次的油温比较。如油温突然增高，则应检查冷却装置是否正常，油循环是否破坏等，来判断变压器内部是否有故障。

（2）检查油质，应为透明、微带黄色，由此可判断油质的好坏。油面应符合周围温度的标准线，如油面过低应检查变压器是否漏油等。油面过高应检查冷却装置的使用情况，是否有内部故障。

（3）变压器的声音应正常。正常运行时一般有均匀的"嗡嗡"电磁声。如声音有所改变，应细心检查，并迅速汇报相关单位检查处理。

（4）应检查套管是否清洁，有无裂纹和放电痕迹，冷却装置应正常。工作、备用电源及油泵应符合运行要求等。

（5）天气有变化时，应重点进行特殊检查。大风时，检查引线有无剧烈摆动，变压器顶盖、套管引线处应无杂物；大雪天，各部触点在落雪后，不应立即熔化或有放电现象；大雾天，各部有无火花放电现象等。

（6）呼吸器应畅通，硅胶吸潮不应达到饱和。

（7）气体继电器无动作。

二、变压器运行中出现的不正常现象

（1）变压器运行中如漏油、油位过高或过低，温度异常，音响不正常及冷却系统不正常等，应设法尽快消除。

（2）当变压器的负荷超过允许的正常过负荷值时，应按规定降低变压器的负荷。

（3）变压器内部音响很大，很不正常，有爆裂声；温度不正常并不断上升；储油柜或安全气道喷油；严重漏油使油面下降，低于油位计的指示限度；油色变化过快，油内出现碳质；套管有严重的破损和放电现象等，应立即停电修理。

（4）当发现变压器的油温较高时，而其油温所应有的油位显著降低时，应立即加油。加油时应遵守规定。如因大量漏油而使油位迅速下降时，应将瓦斯保护改为只动作于信号，而且必须迅速采取堵塞漏油的措施，并立即加油。

（5）变压器油位因温度上升而逐渐升高时，若最高温度时的油位可能高出油位指示计，则应放油，使油位降至适当的高度，以免溢油。

三、变压器运行中故障现象及其排除

（一）正确处理变压器事故应掌握内容

（1）系统运行方式，负荷状态，负荷种类。

（2）变压器上层油温，温升与电压情况。

（3）事故发生时天气情况。

（4）变压器周围有无检修及其他工作。

（5）运行人员有无操作。

（6）系统有无操作。

（7）何种保护动作，事故现象情况等。

（二）常见故障及原因

变压器在运行中常见的故障是绕组、套管和电压分接开关的故障，还有声音的异常，而铁芯、油箱及其他附件的故障较少。下面将常见的几种主要故障分述如下。

1. 绕组故障

主要有匝间短路、绕组接地、相间短路、断线及接头开焊等。产生这些故障的原因有以下几点：

（1）在制造或检修时，局部绝缘受到损害，遗留下缺陷。

（2）在运行中因散热不良或长期过载，绕组内有杂物落入，使温度过高绝缘老化。

（3）制造工艺不良，压制不紧，机械强度不能经受短路冲击，使绕组变形绝缘损坏。

（4）绕组受潮，绝缘膨胀堵塞油道，引起局部过热。

（5）绝缘油内混入水分而劣化，或与空气接触面积过大，使油的酸价过高绝缘水平下降或油面太低，部分绕组露在空气中未能及时处理。

由于上述种种原因，在运行中一经发生绝缘击穿，就会造成绕组的短路或接地故障。匝间短路时的故障现象是变压器过热油温增高，电源侧电流略有增大，各相直流电阻不平衡，有时油中有"吱吱"声和"咕嘟咕嘟"的冒泡声。轻微的匝间短路可以引起瓦斯保护动作；严重时差动保护或电源侧的过流保护也会动作。发现匝间短路应及时处理，因为绕组匝间短路常常会引起更为严重的单相接地或相间短路等故障。

2. 套管故障

这种故障常见的是炸毁、闪烙和漏油，其原因有：

（1）套管密封不良，绝缘受潮劣化。

（2）套管表面脏污，防污闪等级不合格。

（3）套管存在内部故障，如内部放电、电容屏移位等。

3. 分接开关故障

常见的故障是表面熔化与灼伤，相间触头放电或各接头放电。主要原因有：

（1）连接螺栓松动。

（2）带负荷调整装置不良和调整不当。

（3）分接头绝缘板绝缘不良。

（4）接头焊锡不满，接触不良，制造工艺不好，弹簧压力不足。

（5）油的酸价过高，使分接开关接触面被腐蚀。

4. 铁芯故障

铁芯故障大部分原因是铁芯柱的穿芯螺杆或铁轭的夹紧螺杆的绝缘损坏而引起的，其后果可能使穿芯螺杆与铁芯迭片造成两点连接，出现环流引起局部发热，甚至引起铁芯的局部熔毁。也可能造成铁芯迭片局部短路，产生涡流过热，引起迭片间绝缘层损坏，使变压器空载损失增大，绝缘油劣化。

运行中变压器发生故障后，如判明是绕组或铁芯故障应吊芯检查。首先测量各相绕组的直流电阻并进行比较，如差别较大，则为绕组故障。然后进行铁芯外观检查，再用直流电压、电流表法测量片间绝缘电阻。如损坏不大，在损坏处涂漆即可。

5. 瓦斯保护故障

瓦斯保护是变压器的主保护，轻瓦斯作用于信号，重瓦斯作用于跳闸。下面分析瓦斯保护动作的原因及处理方法：

（1）轻瓦斯保护动作后发出信号。其原因是：变压器内部有轻微故障；变压器内部存在空气；二次回路故障等。运行人员应立即检查，如未发现异常现象，应进行气体取样分析。

（2）瓦斯保护动作跳闸时，可能变压器内部发生严重故障，引起油分解出大量气体，也可能二次回路故障等。出现瓦斯保护动作跳闸，应先投入备用变压器，然后进行外部检查。检查油枕防爆门，各焊接缝是否裂开，变压器外壳是否变形；最后检查气体的可燃性。

变压器自动跳闸时，应查明保护动作情况，进行外部检查。经检查不是内部故障而是由于外部故障（穿越性故障）或人员误动作等引起的，则可不经内部检查即可投入送电。如差动保护动作，应对该保护范围内的设备进行全部检查。

此外，就是声音的异常和变压器着火，声音异常可能是外施电压过高、套管表面太脏或有裂纹、内部结构松动、内部绝缘有击穿等原因造成的。应结合经验细心分析判断，应针对具体情况及时采取措施处理，如把电压调低、擦拭套管或考虑检修内部等。

变压器着火也是一种危险事故，因变压器有许多可燃物质，处理不及时可能发生爆炸或使火灾扩大。变压器着火的主要原因是：套管的破损和闪络，油在油枕的压力下流出并在顶盖上燃烧；变压器内部故障使外壳或散热器破裂，使燃烧着的变压器油溢出。发生这类事故时，变压器保护应动作使断路器断开。若因故断路器未断开，应手动立即断开断路器，拉开可能通向变压器电源的隔离开关，停止冷却设备，进行灭火。变压器灭火时，最好用泡沫式灭火器，必要时可用砂子灭火。

第四节　分 接 开 关 介 绍

一、概述

分接开关主要是通过改变高压绕组抽头，增加或减少绕组匝数来改变电压比。当电网电压高于或低于额定电压时，通过调节分接开关，可以使变压器的输出电压达到额定值。变压器分接开关的调压原理就是通过改变一次、二次绕组的匝数比来改变电压的变比，从而达到改变输出电压的目的。分接开关的抽头一般都是在变压器绕组的高压侧。这是因为高压绕组一般都装在低压绕组的外侧，容易抽头和引出线，且高压绕组较低压绕组电流小、导线细，分接头截面可做得小一些。按功能划分为无载（亦称无励磁）分接开关和有载调压分接开关两大类。

二、无载分接开关

无载分接开关是在变压器停电情况下进行分接头的调节，因而不具备开断负荷的能力。

（一）无载分接开关结构

无载分接开关因在断电情况下调整，不需要灭弧装置，因此结构较为简单，调压系统包括操作机构、分接开关、分接引线和线圈的分接线匝等部分。电力变压器无载分接开关分为三相中性点调压、三相中部调压和单相中部调压，而大型电力变压器一般采用单相中部调压。分接开关的电压等级有 10kV、35kV、60kV、110kV 和 220kV 等。

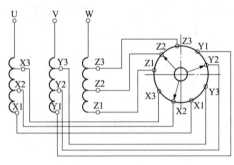

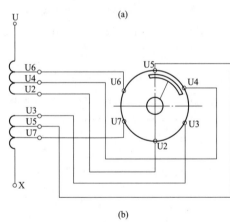

图 3-5 无载分接开关的原理图
(a) 三相中性点调压；(b) 三相中部调压（仅示出一相）

（二）无载分接开关原理

无载分接开关的原理，就是通过改变变压器绕组的分接头连接方式（在停电状态下），改变不同绕组间的匝数比，来达到合适的电压输出（见图 3-5）。

（三）常见无载分接开关类型及介绍

目前，我国电力变压器常用的无载分接开关型号主要有 SWX 型、SWXJ 型、SWJ 型、DWJ-110/400～1000 型、DW-110～220/400～1000 型、DWX 型等。

1. SWX 型、SWXJ 型

这两种型号的分接开关直接固定在变压器的箱壳上，采用箱盖型手动操作机构，由绝缘部分、接触系统和操作机构组成，适用于中小型变压器，多用于 10kV 电压等级的变压器上。分接头引线连接在定触头尾端，动触头为夹片式，此种为 SWXJ 型；若电流小于 60A，则定触头改为螺钉，动触头改为楔形触头，就成了 SWX 型。SWX 型也可用于 35kV 电压等级的变压器，但电流应不大于 50A。

2. SWJ 型

这是一种三相中部调压的无载分接开关，手动操作机构安装在箱盖上，为降低变压器高度，增加了一对伞形齿轮，改为横卧安装形式。适用的电压等级为 10kV、35kV 和 69kV。

46

3. DWJ-110/400～1000 型

此类型的分接开关由传动部分、接触部分和绝缘部分组成（见图 3-6）。

传动部分主要由绝缘丝杆和蹄形螺母组成，绝缘丝杆是用酚醛布棒加工而成，蹄形螺母由酚醛塑料压制成或用铝合金制作，采用特殊梯形螺纹，螺纹的节距是根据定触头之间的距离而确定的；接触部分由引线和动、定触头组成，引线焊在定触头尾部，定触头嵌在绝缘板上；动触头安装在蹄形螺母上，它分为上、下两片（大电流时上、下各两片），由弹簧作用将定触头夹在中间。在正常工作位置时，动触头跨接于两相邻定触头之间，开关动触头的上限位置是通过绝缘丝杆的轴肩实现，下限位置采用绝缘撑套确定，这样，动触头转至上限位置和下限位置时与定触头的接触都是最佳位置。

这种开关本体与操作机构在结构上是分开的。在变压器装配时，再用可拆卸的传动绝缘杆把两者连接起来。操作机构安装在油箱上，调整开关位置时，用手转动操作机构来完成。操作机构主要由手柄、转轴、螺母、位置指示件、传动绝缘杆等构成。转动转轴，螺母上下沿位置指示件的槽孔移动，指示出分接位置。

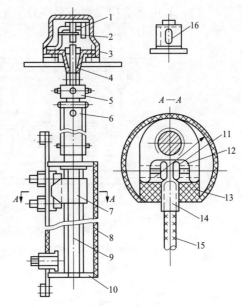

图 3-6　无载分接开关结构图

1—手柄；2—螺母；3—法兰盘；4—转轴；
5—接头；6—转动绝缘杆；7—蹄形螺母；
8—绝缘筒；9—绝缘丝杠；10、13—绝缘板；
11—动触头；12—弹簧；14—定触头；15—电缆

这种开关具有结构简单、性能良好、外形尺寸小等优点，因而广泛应用在 110kV 及以下大型电力变压器上。

4. DW-110～220/400～1000 型单相中部调压开关（又称鼓形开关）

开关接线见图 3-5，开关通过上、下两个绝缘筒固定在外绝缘筒中间，再通过上下各两个绝缘螺栓将内外绝缘筒一起固定在夹持木件上。

这种无载分接开关的接触系统由 6 根接触柱（定触头）、5～8 根接触环（动触头）和蜗形弹簧及两端绝缘固定板构成的笼形结构，电缆引线焊接在定触头两端，动触头固定在传动轴上，由动触头连接两相邻定触头，接触环对定触头的压力取决于蜗形弹簧的弹力。当调压范围为 ±5% 时，通常是采用将 3 柱与 7 柱并接起来、4 柱与 6 柱并接起来的方法。

操作机构由手轮、定位盘、转轴等零件组成。下面连接传动绝缘杆，其上端装有万向接头，下端的长槽插在开关主轴的销子上，即可实现在油箱上部调节开关。

这种分接开关的优点是电场分布均匀，调节时手感较强，接触可靠，指示明显，弱点是由于环形触头必须采用平面蜗形弹簧，对蜗形弹簧的弹力要求较高，工艺上不易保证，在调节时会有折断现象（即失去弹力）。再由于蜗形弹簧在接触环的内部，既不便于检查，又不易修复，现已较少采用。

5. DWX-220/600～1200 型（又称 DWP 型）单相中性点调压无载分接开关

DWX-220/600～1200 型（又称 DWP 型）单相中性点调压无载分接开关（又称楔形式分接开关），其内部结构和切换程序分别见图 3-7 和图 3-8。

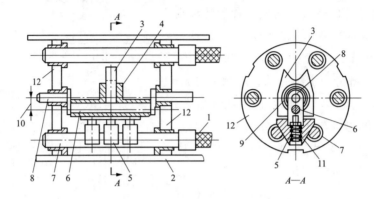

图 3-7　DWX 型无载分接开关内部结构图

1—引线；2—绝缘筒；3—绝缘凸轮；4—铁支持件；5—动触头；6—偏心轴；7—定触头；
8—传动轴；9—偏心轴轨迹；10—偏心量；11—弹簧；12—支撑绝缘板

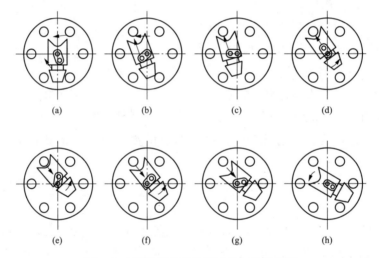

图 3-8　DWX 型无载分接开关切换程序图

（a）操作开始时的正常位置；（b）动触头开始从定触头之间拔出；（c）动触头已从定触头中拔出；
（d）动触头开始向邻近的定触头转动；（e）动触头向邻近定触头运动；（f）动触头逐渐向邻近定触头吻合；
（g）动触头接近正常位置；（h）动触头完成一个分接切换

DWX 型与 DW 型开关外部结构形式基本相同，操作机构装在变压器上节油箱上，经传动绝缘杆与开关连接起来。

DWX 型开关保留了 DW 型开关定触头笼形结构的优点部分，将接触环改为楔形动触头，蜗形弹簧改为圆柱螺旋压缩弹簧，开关采用偏转推进机构，主轴旋转 300°，动触头变换一个分接，同时操作机构的结构型式也有改进。

DWX 型无载分接开关的纵向剖面参见图 3-7。其定触头由 6 根圆铜棒组成，动触头连接两相邻定触头。动触头安装在传动偏心轴上。驱动操作机构使偏心轴转动。

楔形开关的切换程序如图 3-8 所示。图 3-8（a）～（h）反映 DWX 型分接开关完成从一个分接位置切换到另一个分接位置的切换过程。图 3-8 中小箭头为传动轴旋转方向和偏心轴的运动轨迹。

DWX 型无载分接开关的操作机构参见图 3-9，沿箭头方向转动手柄时，转轴、齿轮 2（$Z=48$）、传动绝缘杆随之转动，同时带动齿轮 1（$z=40$）。当齿 2 转 300°时，根据齿轮的传动原理，齿轮 1 已沿反方向转动了一周，此时指针 12 指向数字盘的下一个罗马数字，分接开关即调整了一个分接位置。

三、有载分接开关

有载调压分接开关可在不中断供电的情况下，带负荷调节分接开关，使其分接头处于合适的分接位置。由于需带负荷调节，故分接开关触头（或部分触头）需具备开断负荷的能力。

（一）有载分接开关原理

有载分接开关的基本原理，就是在变压器的绕组中引出若干分接抽头，通过有载调压分接开关，在保证不切断负荷电流的情况下，由一个分

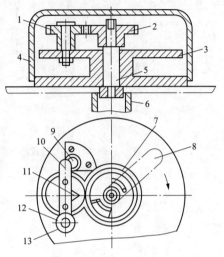

图 3-9　DWX 型无载分接开关操作机构图

1、2—齿轮；3—法兰；4—罩；
5—转轴；6—传动绝缘杆；7—数字盘；
8—手柄；9—控制钉；10—控制板；
11—指针；12—定位件；13—定位螺钉

接头切换到另一个分接头，以达到变换绕组的有效匝数，即改变变压器的变压比。有载分接开关的核心是采用了过渡电路。用这种方式切换，其装置的材料消耗少，变压器的体积增加得不多，电压可以做得很高，容量亦可做得很大。

有载调压分接开关和无载分接开关在结构上的最大区别就在于前者采用了过渡电路及为实现带负荷调压而使用的快速机构。

（二）有载调压分接开关结构

前面提到有载调压分接开关按过渡电路分为电抗式和电阻式。由于电抗式有载分接开关体积大，耗材多，触头烧蚀严重，已不再生产，目前均采用电阻式。

有载分接开关系统由有载分接开关本体、传动机构、分接开关保护装置以及分接开关油系统等组成。

有载分接开关本体包括过渡电路（亦称限流器）、分接选择器和切换开关三部分。选择分接头的开关叫分接选择器。为了增加调压级数还包括有相串联的粗选择器。切换负荷的开关叫切换开关，为了瞬时切换完毕，需具备快速机构。过渡电路中的电阻器应安放在切换开关里。

1. 过渡电路

假设变压器每相绕组有三个分接抽头 1、2、3。负载电流 I 开始时由分接抽头 1 输出，如图 3-10（a）所示，由于是有载调压，不能停电，分接抽头 1、2 之间必须接入一个过渡电路。这个过渡电路仅在进行调压时接入，当调压完成后即行退出。通常是应用一个阻抗

（电阻或电抗），跨接在分接抽头 1、2 之间，如图 3-10（b）所示，于是阻抗中将流过一环流 I_c，有了这个过渡阻抗，就可以使分接抽头 1 和 2 之间不会造成短路，起限流作用，故有时也称为限流阻抗。

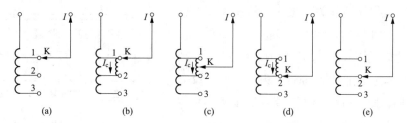

图 3-10　有载调压分接开关过渡过程图

（a）过渡开始；（b）过渡的分接抽头接上电抗；（c）动触头开始在电抗上滑动；

（d）动触头已经滑动到需要的分接抽头；（e）过渡用的电抗切除

阻抗的接入，好比在分接抽头 1、2 之间架设了一座临时的"桥"。这时动触头可以在"桥"上滑动，如图 3-10（c）所示。于是负荷电流可以继续通过"桥"输出，不致造成停电，直至分接开关的动触头到达分接抽头 2 位置时为止，如图 3-10（d）所示。动触头既然已经到达分接抽头 2，"桥"已无用，可以退出，如图 3-10（e）所示。至此，切换时的过渡过程完成，原来由 1 分接头输出负荷电流，现在改为由 2 分接头输出；原来为 1 分接抽头电压，现在为 2 分接抽头电压，其他分接抽头切换与上述相同。

图 3-11 所示为滑动接触，由于一个分接切换的时间很短，无需圆滑地过渡，所以通常都采用简化的方法，如图 3-12～图 3-14 所示。

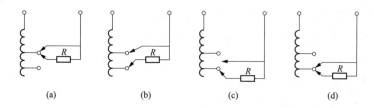

图 3-11　有载调压分接开关单电阻过渡过程图

（a）过渡开始；（b）过渡电阻接入分接抽头；（c）过渡电阻通过负荷电流；（d）过渡过程结束

图 3-12 和图 3-13 为双电阻式过渡电路，此外还有多电阻过渡电路如图 3-14 所示，其切换原理与图 3-10 的相同。

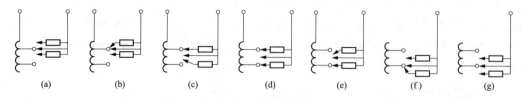

图 3-12　双电阻过渡方法一

（a）过渡开始；（b）过渡电阻之一接入分接抽头；（c）动触头离开分接抽头；（d）两个过渡电阻均接入分接抽头；

（e）过渡电阻之一离开分接抽头；（f）动触头过渡到需要的分接抽头；（g）过渡电阻均切除过渡过程结束

2. 选择电路

当电流不大，每一级的电压不高时，采用图 3-11～图 3-14 所示那样的切换触头直接在各分级抽头上依次地进行切换是可行的，此即所谓的"直接切换式"有载分接开关，也称"复合式"或"单体式"有载分接开关。这种结构的所有触头，在切换时都会因分离电弧而使触头的接触表面烧蚀。因此，必须用铜钨触头镶嵌制造，但当容量较大时就很不经济了。此外，复合式有载分接开关的外形尺寸，随电压的增高而迅速加大。因为电压高时，切换开关的体积要加大，以保证灭弧，因此这种型式（复合式）的有载分接开关不适用于大容量或高电压的切换。

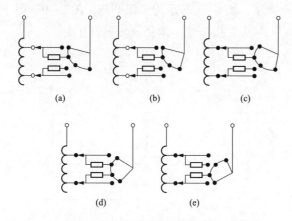

图 3-13　双电阻过渡方法二
（a）过渡开始；（b）过渡电阻之一通过负荷电流；
（c）过渡电阻均通过负荷电流；（d）向另一过渡电
阻通过负荷电流；（e）过渡电阻切除过渡过程结束

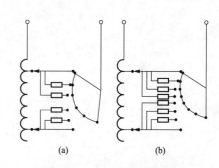

图 3-14　多电阻过渡电路图
（a）四电阻过渡电路；（b）六电阻过渡电路

为了解决这个问题，通常把切换电流的任务，专门交给另一组触头，制造一个单独的部分，即所谓切换开关，它只由一个分接触头切换到另一个分接触头。而另外再增加一个单独的部分，即所谓选择开关，把变压器绕组的所有抽头引出线，分成两组，如图 3-15

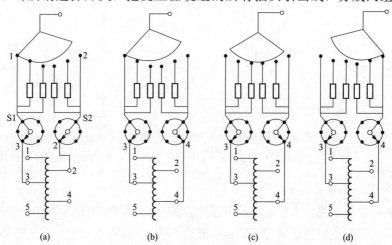

图 3-15　四电阻过渡有选择电路的有载分接开关动作程序图
（a）选择；（b）选择完毕；（c）切换；（d）切换完毕

所示，单数组为 S1（1、3、5···），双数组为 S2（2、4···），随着切换过程的进行，依次把相应的分接抽头连到切换开关的 1 或 2 的触头上。而选择开关在这里则仅执行切换前的准备工作，即将立刻需要切换的分接抽头预先接通，然后切换开关才能切换到这个分接抽头上来。所以，选择开关是不切换负载电流的，负载电流的切换是由切换开关来完成的。这样的分接开关，称为"有单独切换开关"的有载分接开关，或称"组合式"有载调压分接开关。

3. 调压电路

有载调压的变压器，具有许多分接头，调压范围比较大，与无励磁调压相比，情况不大相同，根据不同的工作需要，有不同的调压方式，且各有不同的调压电路。

例如图 3-16 和图 3-18 所示为中性点调压；图 3-17 所示为中部调压；图 3-19～图 3-21 所示为线端调压；图 3-22 所示为串联调压；图 3-23 所示为附加调压器调压等。

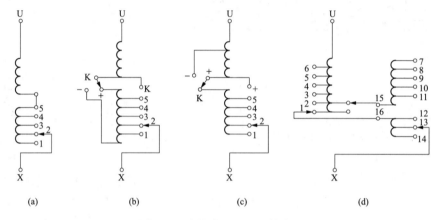

图 3-16　中性点调压原理接线图

（a）线性调压；（b）有范围正反调（15 级）；（c）有范围粗细调（15 级）；（d）多范围调

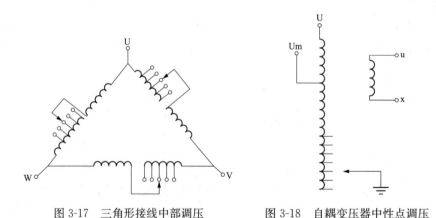

图 3-17　三角形接线中部调压　　　　图 3-18　自耦变压器中性点调压

4. 有载调压分接开关主要接线图

通过以上对过渡电路、选择电路和调压电路的分析，可知有载分接开关的接线图与以上这些电路有关，但主要还是决定于调压电路范围变化的方式。当这一方式决定后，便可构成主要接线图，例如图 3-24 为线性调压接线图。图 3-25 为带范围开关正反调压接线图，所谓正反调压是指调压绕组的极性与主绕组的极性相同时为正调，相异时为反调，可以增加或减少变压器有效的总匝数。范围开关所在的位置，就直接意味着开关是在正调范围还是在反调范围工作。

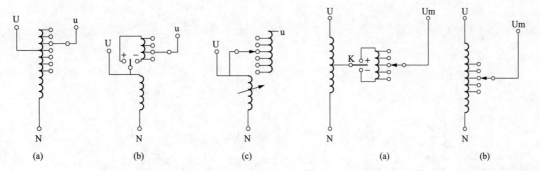

图 3-19　线端调压原理接线图
（a）、（b）升压、降压型；（c）纯升压型

图 3-20　自耦变压器中压侧线端调压原理接线图
（a）正反调；（b）线性调

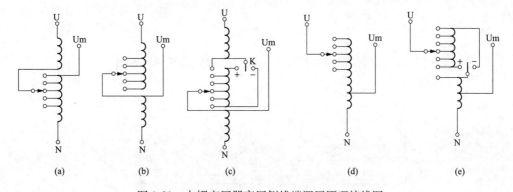

图 3-21　自耦变压器高压侧线端调压原理接线图
（a）、（b）、（c）线性调；（d）、（e）正反调

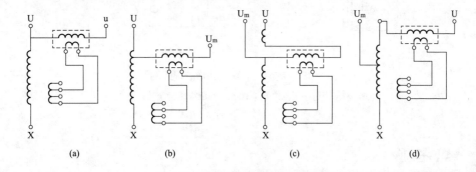

图 3-22　高压串联调压原理接线图
（a）线性调压；（b）自耦变压器中压调压；
（c）、（d）自耦变压器高压调压

图 3-16～图 3-23 均为复合式分接开关接线图，其功能与组合式分接开关相类同。

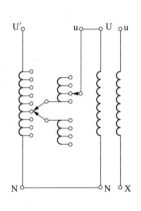

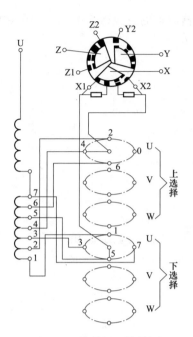

图 3-23 附加调压器调压原理图 　　　图 3-24 线性调压接线图

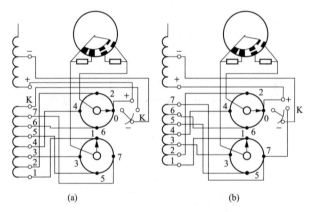

(a) 　　　　　　　　　(b)

图 3-25 带范围开关正反调压接线图

(a) 调压绕组接至范围开关；(b) 调压绕组接至选择开关

 思考题

1. 电力变压器的作用是什么？

2. 电力变压器的基本工作原理是什么？

3. 油浸变压器套管的主要作用是什么？

4. 气体继电器轻瓦斯故障的原因及动作原理是什么？

5. 气体继电器重瓦斯故障的原因及动作原理是什么？

6. 简述油枕的分类及作用。

7. 变压器的冷却方式有哪些？

8. 简述变压器油的性能及作用。

9. 防爆管的作用是什么？

10. 简述油位计的分类及作用。

11. 吸湿器的作用是什么？

12. 压力释放阀的动作原理是什么？

13. 变压器运行中检查内容有哪些？

14. 变压器常见故障有哪些及故障原因是什么？

15. 无载分接开关的结构及原理是什么？

16. 无载分接开关的优点及应用范围是什么？

17. 有载分接开关的结构及原理是什么？

第四章

高 压 电 气 设 备

第一节 高 压 断 路 器

高压断路器（或称高压开关）它不仅可以切断或闭合高压电路中的空载电流和负荷电流，而且当系统发生故障时通过继电保护装置的作用，切断过负荷电流和短路电流，它具有相当完善的灭弧结构和足够的断流能力，可分为六氟化硫断路器（SF_6 断路器）、油断路器（多油断路器、少油断路器）、真空断路器等。

一、SF_6 断路器

SF_6 断路器在电力系统中广泛应用。适用于频繁操作及要求高速开断的场合，SF_6 断路器不仅在系统正常运行时能切断和接通高压线路及各种空载和负荷电流，而且当系统发生故障时，通过继电保护装置的作用能自动、迅速、可靠地切除各种过负荷电流和短路电流，防止事故范围的发生和扩大。

（一）六氟化硫气体的基本特性

（1）物理特性：SF_6 气体是一种无色、无味、无毒和不可燃且透明的气体，在通常情况下有液化的可能性。在均匀电场下，其绝缘性是空气的 3 倍，在 4 个大气压下，其绝缘性相当变压器油。

（2）化学特性：常温下是一种惰性气体。一般不会与其他材料发生反应。

（3）电气特性：绝缘性能佳，还具有独特的热特性和电特性。SF_6 气体是电负性气体，其分子和原子具有很强的吸附自由电子的能力，可以大量吸附弧隙中的自由电子，生成负离子。负离子的运动比自由电子慢得多，很容易和正离子复合成中性的分子和原子，大大加快了电流过零时的弧隙介质强度的恢复。

（二）SF_6 断路器的分类

（1）按电压等级不同，在电力系统中的作用不同，是否要求单相重合闸的不同，SF_6 断路器可分为单相操动式和三相联动式。

（2）按结构形式分为瓷柱式和罐式两种结构。

1）瓷柱式结构，如图4-1所示。断路器由三个独立的单相和一个液压、电气控制柜组成。每相由两个支柱瓷套的四个灭弧室（断口）串联而成。灭弧室和支柱瓷套内均充有额定压力的 SF_6 气体。

2）罐式结构，采用双向纵吹式灭弧室，分闸时，通过拐臂箱传动机构，带动气缸及动触头运动。灭弧室充有额定气压的 SF_6 气体。

（三）结构及原理

以 LW36-126 户外高压六氟化硫断路器为例说明，断路器为三相分立的瓷柱式结构，主要由灭弧室、基座、支架及弹簧操动机构等组成。

1. 灭弧原理

该断路器灭弧室在大电流阶段采用自能式灭弧原理，当断路器接到分闸命令后，以气缸、动弧触头、拉杆等组成的刚性运动部件在分闸弹簧的作用下向下运动。在运动过程中，静主触指先与动主触头（即气缸）分离，电流转移至仍闭合的两个弧触头上，随后弧触头分离形成电弧。

在开断短路电流时，由于开断电流较大，故弧触头间的电弧能量大，弧区热气流流入热膨胀室，在热膨胀室进行热交换，形成低温高压气体；此时，由于热膨胀室压力大于压气室压力，故单向阀 6 关闭。当电流过零时，热膨胀室的高压气体吹向断口间使电弧熄灭。同时在分闸过程

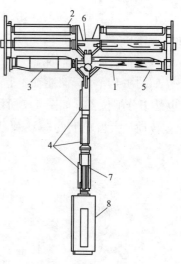

图 4-1　瓷柱式结构示意图

1—断路器断口；2—并联电阻；
3—并联电容；4—绝缘拉杆；
5—灭弧介质；6—金属片；
7—绝缘瓷瓶；8—汇控箱

中，压气室的压力开始被压缩，但到达一定的气压值时，底部的弹性释压阀 7 打开，一边压气，一边放气，使机构不需要克服更多的压气反力，从而大大降低了操作功，见图 4-2（b）。

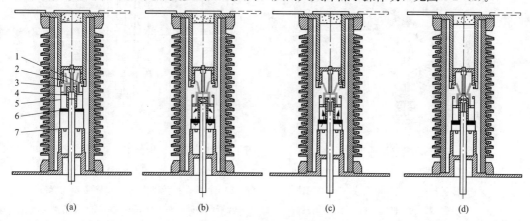

图 4-2　灭弧原理示意图

（a）合闸位置；（b）开断大电流；（c）开断小电流；（d）分闸位置

1—静弧触头；2—喷口；3—触指；4—动弧触头；5—热膨胀气缸；6—单向阀；7—回气阀

在开断小电流时（通常在几千安以下），由于电弧能量小，热膨胀室内产生压力小。此时压气室内的压力高于膨胀室内压力，单向阀 6 打开，被压缩的气体向断口吹去。在电流过零时，这些具有一定压力的气体吹向断口使电弧熄灭，见图 4-2（c）。

2. 弹簧机构

弹簧操动机构，其作用原理如图 4-3 所示，弹簧操动机构固定在断路器的基座上，同电气控制部分共用一个箱体，操作所需的能量存储在三相共用的一个合闸弹簧和一个分闸

弹簧中。弹簧操动机构的起始位置（或分闸未储能状态）见图 4-6，断路器处于分闸状态，合闸弹簧和分闸弹簧都处于释放状态，即任何分、合操作都是不可能的。

（1）合闸弹簧的储能。

如图 4-4 所示，储能轴 4 上的拐臂 6 和合闸弹簧拉杆 7 处于下部死点位置。输出拐臂 3 也处于分闸位置。如图 4-5 所示，为了使合闸弹簧储能，电动机 5 或手动摇把带动大齿轮 2 转动，大齿轮上的驱动棘爪 4 推动储能轴上固定的偏心轮 3 使它转动到上部死点位置。

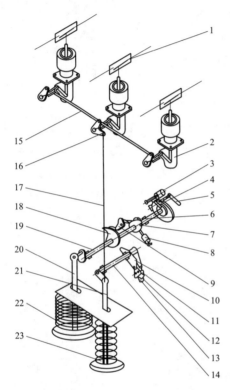

图 4-3 弹簧操动机构工作原理图

1—灭弧室；2—拐臂箱；3—电机；4—推动棘爪；
5—手动摇把；6—合闸电磁铁；7—凸轮；
8—合闸缓冲器；9—储能保持掣子；10—输
出拐臂；11—合闸保持掣子；12—分闸缓冲器；
13—分闸电磁铁；14—输出轴；15—横向连杆；
16—双拐臂；17—机构输出连杆；18—合闸凸轮；
19—储能轴；20—合闸簧拉杆；21—分闸簧拉杆；
22—合闸弹簧；23—分闸弹簧

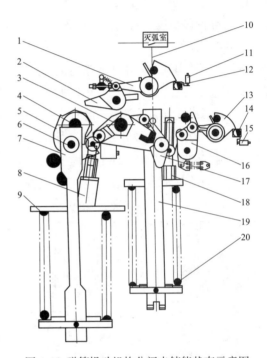

图 4-4 弹簧操动机构分闸未储能状态示意图

1—合闸扇形板；2—储能保持掣子；
3—输出拐臂；4—储能轴；5—凸轮；6—拐臂；
7—合闸弹簧杆；8—合闸缓冲器；9—合闸弹簧；
10—机构输出连杆；11—合闸电磁铁；
12—合闸半轴；13—分闸扇形板；14—分闸半轴；
15—分闸电磁铁；16—合闸保持掣子；
17—合闸驱动块；18—分闸缓冲器；
19—分闸弹簧杆；20—分闸弹簧

当储能轴转到上部死点位置时，由于合闸弹簧部分释放的能量使储能轴的传动比驱动棘爪 4 的驱动更快，使偏心轮 3 与棘爪 4 脱开，从而使储能轴在合闸弹簧部分释放能量的作用下，转至死点位置后约 10°位置处。由储能保持掣子及合闸扇形板通过合闸半轴保持住（见图 4-5、图 4-6），储能轴停止转动。

同时如图 4-7 所示，在储能轴越过死点约 10°位置之前，固定于机箱上的储能限位板 1

使驱动棘爪 2 与储能轴上的偏心轮 3 脱离啮合，因而储能轴与储能齿轮 4 分离，电动机在储能轴过死点后约 10°位置处自动切断电源并带着齿轮一道减速停转。

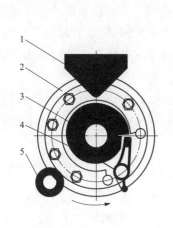

图 4-5　储能棘爪功能示意图

1—储能限位板；2—大齿轮；3—偏心轴；
4—储能驱动棘爪；5—储能电机

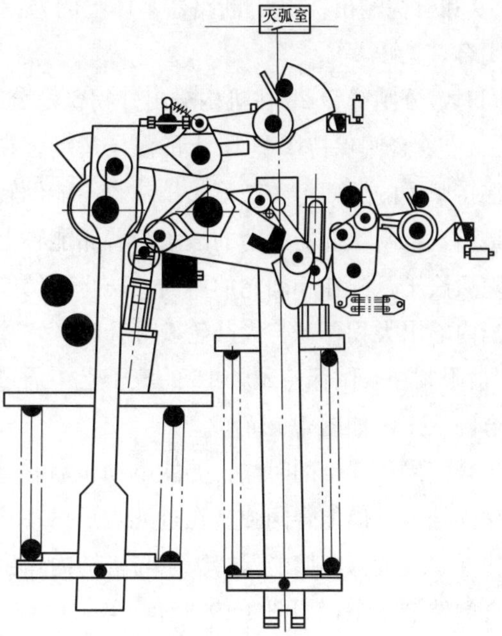

图 4-6　弹簧操动机构分闸状态、合闸弹簧储能示意图

合闸弹簧储能完毕，操动机构准备进行合闸过程。

（2）合闸操作。

如图 4-8 所示，合闸脱扣线圈 4 接到合闸命令后动作，使合闸半轴顺时针方向转动，从而使合闸扇形板 1 与储能保持掣子 2 一起被释放，从而使储能保持解除，在合闸弹簧的作用下，使储能轴 3 顺时针转动。

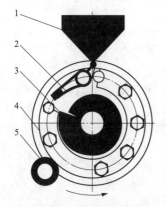

图 4-7　储能限位板功能示意图

1—储能限位板；2—驱动棘爪；3—偏心轮；
4—储能齿轮；5—储能电动机

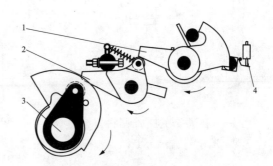

图 4-8　储能保持掣子打开与扣住示意图
（储能保持掣子的解脱）

1—合闸扇形板；2—储能保持掣子；3—储能轴；4—合闸脱扣线圈

如图 4-4 所示，储能轴上的凸轮 5 随着储能轴的转动驱动内输出拐臂 3 上的滚子，使拐臂转动，并带动输出轴一起转动，再由固定在输出轴上的机构外输出拐臂通过分闸弹簧拉杆 19 和机构输出杆 10、断路器本体上的外拐臂把运动传给灭弧室，从而使灭弧室中的触头闭合，见图 4-9。

同时，分闸弹簧 20 在机构输出外拐臂及分闸弹簧拉杆 19 的作用下进行储能。合闸驱动块 17 沿着合闸保持掣子 16 上的滚子运动，在此运动曲线的末端，合闸驱动块会滑落在合闸保持掣子的后面，并被滚子挡住，不能倒转，从而完成了分闸弹簧的储能。在合闸过程的最后，合闸缓冲器 8 上的滚子沿着储能轴上的小凸轮运动，吸收合闸弹簧 9 多余的能量，随后滚子跃限在小凸轮的后面，防止了储能轴的回摆。

当内输出大拐臂 3 与大凸轮 5 分开时，它才向分闸方向反转回去一点，直到合闸驱动块 17 被限制在合闸保持掣子 16 的滚子上，通过分闸扇形板及分闸半轴扣住，使断路器保持在合闸状态。如图 4-9 所示。

当合闸操作发生的时候，储能电动机就接通了，合闸弹簧按 3.1 条的顺序进行储能。接着储能轴与已储能合闸弹簧在过死点后约 10°位置处被扣住。合闸电磁铁的重复启动是由机构连锁装置（即储能保持掣子与机构内输出拐臂上的滚子组成）防止的，此时断路器处于合闸储能状态，如图 4-10 所示。

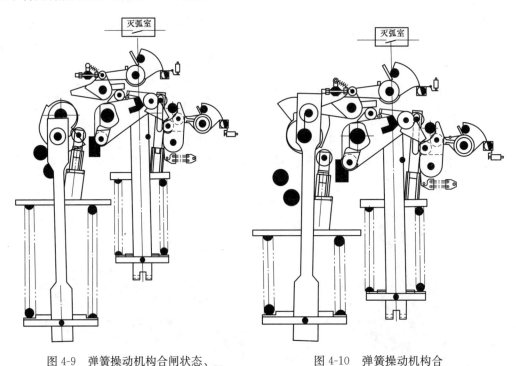

图 4-9　弹簧操动机构合闸状态、分闸弹簧储能示意图　　图 4-10　弹簧操动机构合闸储能状态

合闸弹簧和分闸弹簧储能完成后，断路器就做好了进行一次 O-C-O 操作顺序的准备。

（3）分闸操作。

如图 4-11 所示，分闸电磁铁 5 接到分闸信号后动作，通过分闸半轴 4 与分闸扇形板 3

使合闸保持掣子 6 与输出拐臂 1 上的驱动块 2 脱开,从而使合闸保持解除。分闸弹簧释放能量,通过分闸弹簧拉杆,带动机构的内、外输出拐臂运动至分闸位置,同时灭弧室中的触头由机构输出连杆带着运动到分闸位置。

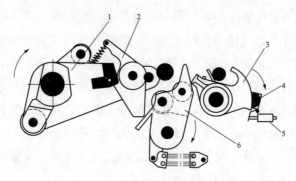

图 4-11 合闸掣子打开与扣住示意图

1—输出拐臂;2—驱动块;3—分闸扇形板;4—分闸半轴;5—分闸电磁铁;6—合闸保持掣子

最后分闸运动的动能通过内输出拐臂由分闸缓冲器吸收。分闸缓冲器也起最后止住分闸运动的功能。

（4）重合闸操作。

当断路器在合闸位置时,分、合闸弹簧都已经储能,故断路器可以执行 0—0.3s—CO 的重合闸操作。

（四）SF$_6$ 断路器常见故障及处理

1. SF$_6$ 气体泄漏

运行中的 SF$_6$ 断路器出现气体泄漏、压力突降,轻则造成开关分（合）闸闭锁,重则造成断路器内绝缘击穿或断路器爆炸,泄漏的 SF$_6$ 气体还会导致人员中毒。造成泄漏的主要原因是:密封面粗糙、安装工艺差及密封垫老化;传动轴及轴套表面有纵向伤痕或轴与轴套间密封垫老化;浇铸件、瓷套管出现裂纹或存有砂眼;气体连接管道接头处有裂缝或密封不严;气体压力表或密度继电器等接头处密封不良。

发现 SF$_6$ 气体泄漏后,要检查最近气体填充后的记录,用检漏仪对 SF$_6$ 气体进行检漏。若发生大量 SF$_6$ 气体泄漏,人员一般不能停留在离泄漏点,直至采取措施泄漏停止后方能进入该区域。如果内部发生故障,抢修人员进入现场必须穿密闭式工作服,戴防毒面具、工作手套。检修过程中,必须对室内进行通风,按要求,空气中氧气含量浓度不应低于 18%。在检漏中还要注意,检漏仪探头不允许长时间处在高浓度 SF$_6$ 中,因为探头一旦触及高浓度 SF$_6$ 气体时,检漏仪中的 SF$_6$ 气体传感器会出现过饱和,造成回复响应时间延长,检测结果不准确。若发生轻微泄漏,采取堵漏措施,更换密封件和其他已损坏的部件。

查漏完毕后要及时进行补气,在对 SF$_6$ 断路器补气前,首先要用合格的 SF$_6$ 气体对充气管道吹拂 5s,将充气管道中的空气排除,湿度高的情况下可用电热吹风对接口进行干燥。充入断路器的气体压力应稍高于规定压力,以补充今后气体湿度测量所消耗的气体量。

2. SF₆ 气体微水超标

在常态下 SF₆ 气体无色无味，具有良好的绝缘和灭弧性能，但是一旦受潮，则电气性能会显著下降，而且当温度骤降时，气体中的过量水分会凝结在固体表面发生闪络，严重时造成断路器发生爆炸。当气体中含有水分时，电弧分解的氟硫化合物与水发生反应产生腐蚀性很强的氢氟酸等化学物质对断路器的绝缘材料或金属材料造成腐蚀，使绝缘劣化。

水分超标主要表现在新气水分不合格、充气时带入水分、绝缘件带入的水分、吸附剂带入的水分、透过密封件渗入的水分、设备渗漏等。因此，在 SF₆ 气体充入设备 24h 后要进行气体湿度测量，测量选择在干燥、湿度低的天气，测量必须使用专用的管道，长度一般在 5m 内，测量前应用干燥的氮气或合格的新 SF₆ 气体冲洗测量管道。

3. SF₆ 断路器接触电阻

在高压断路器中，动、静触头间存在接触电阻，如果触头表面氧化、触头间残留有机械杂物或碳化物、接触压力下降或接触面积减小，会造成正常工作电流下发生过热，可烧伤周围绝缘或造成触头烧熔黏结，从而影响断路器跳闸时间和开断能力，甚至发生拒动。测量回路接触电阻主要是检查断路器本体一次导电回路的装配工艺或运行中有否变化。

当发出分合闸指令，断路器拒绝动作时，一般先分析拒动的原因，是弹簧储能故障、二次回路故障还是机械故障，然后进行处理。对于弹簧储能故障而言，可以参照分合闸不能自动储能的处理方法进行故障排除。对于常见的二次回路故障：分合闸线圈烧毁、二次线头松动、电气闭锁回路不通或辅助开关故障等，要利用万用表对照图纸进行检查，再测量外部闭锁回路是否正常等。

分闸后立即合闸或合闸后立即分闸，主要是在分/合闸操作完成时，分/合闸铁芯或分/合闸一级阀杆没有完全复位引起。主要原因多为手动时将合闸动铁芯的撞杆撞弯，因撞头松动、卡涩而引起，只要拆下动铁芯，将其校正好，复装时保证铁芯在各个位置不卡涩便可。合闸弹簧不能自动储能，主要是电源没电、行程开关失灵、二次接线松动或电动机损坏等。储能后储能电动机不停，主要是行程开关失灵或受潮短路等。

二、油断路器

油断路器分为少油断路器和多油断路器。不管多油断路器还是少油断路器，一般都由油气分离器、上出线座、下出线座、静触头座、压紧弹簧、静触片、灭弧室、绝缘筒、导向筒、动触杆、滚动触头、主拐臂、油缓冲器、绝缘拉杆、导电板、操动机构等组成。

（一）多油断路器

高压多油断路器是三相交流 50Hz 户外高压电气设备，适用于 35kV 输配电系统的保护、控制及系统间的联络。每一型号的产品各自又分为不带并联电阻及带并联电阻两种断路器，两者的参数和性能相同。带并联电阻断路器还具有可靠的切合空载长线性能，但造价较高，适用于必须进行空载架长线切合的场所，多油断路器中的油起着绝缘与灭弧的双重作用。

1. 多油断路器的特点

多油断路器的触头和灭弧装置对金属油箱都是绝缘的，绝缘油的作用既是灭弧，又是绝缘。它的体积大，油量多，断流容量小，运行维护困难，体积庞大，用油作为灭弧介质，增加了爆炸和火灾的危险性，且检修、维护工作量大，原材料消耗大经济成本高、安全性差。

2. 结构简介

一般情况下断路器为三相共箱油浸式结构，采用插入式铜钨触头（Ⅰ型静头镶一片，Ⅱ型静触），箱内装有一次过电流脱扣器及延时装置，当网络出现故障时能自动脱扣。油作灭弧和绝缘介质，手动操动机构装在箱盖前端与开关联成一体，导线穿过固定在箱盖两侧的瓷套管引出。

（二）少油断路器

少油断路器是指利用变压器油或专用断路器油作为触头间的绝缘和灭弧介质，而对地绝缘采用固体绝缘件的断路器。少油断路器的变压器油的作用和灭弧室类型与多油断路器的基本相同，但用油量比多油断路器少很多。

1. 少油断路器的特点

开关触头在绝缘油中闭合和断开；油只作灭弧介质，油量少；结构简单，体积小，质量轻；外壳带电，必须与大地绝缘，人体不能接触，燃烧和爆炸危险少。用油量少，检修周期短，在户外使用受大气条件影响大，配套性差。

2. 灭弧方式

（1）横吹灭弧。即气流吹动的方向与电弧燃烧拉长的方向相垂直。其特点是开断大电流时，吹弧效果好，触头开距小，燃弧时间短；但开断小电流时吹弧压力小，灭弧性能差。

（2）纵吹灭弧。即气流吹弧的方向与电弧拉长的方向一致。其特点是靠纵向吹拂弧柱和拉长电弧来灭弧，所以触头开距大，燃弧时间长；在开断大电流时，灭弧室压力较高，纵吹灭弧性能也很好。

（3）纵横吹灭弧。即将纵吹和横吹两种方式组合起来，可兼有两种灭弧方式的优点，在很大程度上克服了各自的缺点。

3. 少油断路器的日常巡检维护

（1）标志牌的名称、编号齐全、完好，本体无油迹、无锈蚀、无放电、无异常现象。

（2）套管及绝缘子瓷质绝缘完好，无断裂、裂纹、损伤、放电闪络痕迹和脏污现象：引线金具连接点和接头部位无发热变色现象，金具无异常。

（3）断路器各部位无渗漏油现象，放油阀应关闭紧密，无渗漏。

（4）断路器无放电和其他异常声音；断口的油位在正常范围内，油色正常。

（5）断路器实际分、合位置指示器与机械、电气指示位置一致。

（6）操动机构连杆、转轴、拐臂无裂纹、变形：液压机构油位和压力指示正常，箱内无渗漏油现象，活塞杆及微动开关（压力开关）位置正常，油泵打压次数在规定范围内；弹簧机构储能正常。加热器能根据环境温度变化按照规定投、退。

（7）端子箱电源开关完好，名称标注齐全，封堵良好，箱内端子连接良好、无锈蚀和严重受潮现象，各熔断器和小开关无熔断和自动跳闸，箱门关闭严密。

（8）接地螺栓压接良好，无锈蚀；基础无下沉、倾斜。

三、真空断路器

真空断路器是以真空作为灭弧和绝缘介质的。所谓真空是相对而言的，指的是绝对压力低于 101 325Pa（相当于 1atm）的气体稀薄的空间。气体稀薄程度用"真空度"表示。真空度即气体的绝对压力与大气压的差值。气体的绝对压力值越低真空度就越高。

气体间隙的击穿电压与气体压力有关，击穿电压随气体压力的提高而降低，当气体压力高于 1.33×10^{-2}Pa（相当于 10^{-4}mmHg）以上时，击穿电压迅速降低。所以真空断路器灭弧室内的气体压力不能高于 1.33×10^{-2}Pa。一般在出厂时其气体压力为 1.33×10^{-5}Pa。

（一）真空断路器的特点

（1）触头开距短。10kV 级真空断路器的触头开距只有 10mm 左右，因为开距短，可使真空灭弧室做得小巧，所需的操作功小、动作快。

（2）燃弧时间短，且与开断电流大小无关，一般只有半个周波，故有半周波断路器之称。

（3）熄弧后触头间隙介质恢复速度快，对开断近区故障性能较好。

（4）由于触头在开断电流时烧损量很小，所以触头寿命较长，断路器的机械寿命也长。

（5）体积小，质量轻。

（6）能防火防爆。

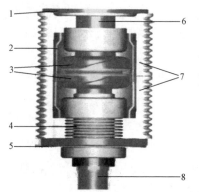

图 4-12　真空灭弧室结构图

1—静端盖板；2—主屏蔽罩；3—动静触头；
4—波纹管；5—动端盖板；6—静导电杆；
7—绝缘外壳；8—动导电杆

（二）真空断路器的结构

真空断路器主要由支架、真空灭弧室、导电回路、传动机构、绝缘支撑、操动机构组成。具体功能介绍如下：

1. 支架

安装各功能组件的架体。

2. 真空灭弧室

实现电路关合和开断功能的熄弧元件，其结构如图 4-12 所示。

（1）真空灭弧室各主要部件的作用。

1）绝缘外壳：一般选用 Al_2O_3 陶瓷管壳。Al_2O_3 陶瓷材料具有优异的电绝缘性能，较高的机械强度，高温下不易分解与蒸发等一系列优点，即能保证真空灭弧室在生产及运行过程中的气密性，又不易损坏。

2）波纹管：波纹管是真空灭弧室中不可缺少的重要元件，是唯一可动的外壳部分，因此它的作用也称为"动密封"。波纹管既能保证灭弧室的密封，又能借助于它来实现触头的相对运动，波纹管的允许伸缩量决定了所能获得的最大触头开距。

波纹管的材料壁厚仅为 $0.10\sim0.16mm$，开关在每次合分动作时都会使波纹管的波状薄壁产生一次较大幅度的机械变形。由于剧烈而频繁的机械变形很容易使波纹管因疲劳而损坏，最终导致灭弧室漏气而报废。某种程度上，波纹管的疲劳寿命也就决定了真空灭弧室的机械寿命。波纹管的疲劳寿命还和工作条件的受热温度有关，真空灭弧室在分断大的短路电流后，导电杆的余热传递到波纹管上，使波纹管的温度升高，当温升达到一定程度时，也会影响波纹管的疲劳强度。

3）触头：真空灭弧室是真空断路器的心脏，而触头则是真空灭弧室的心脏，因此触头材料和触头结构等对真空灭弧室的性能影响极大。

a. 触头材料主要从开断能力、耐受电压能力、抗电腐蚀性、抗熔焊能力、截流值、含气量等方面来选择。目前断路器真空灭弧室的触头材料大都采用铜铬合金，铜与铬各占 50%。

b. 触头结构对灭弧室的开断能力有很大影响。采用不同结构触头产生的灭弧效果有所不同，早期采用简单的圆柱形触头，结构虽简单，但开断能力不能满足断路器的要求，仅能开断 10kA 以下电流，目前仅有真空负荷开关、高压真空接触器等采用此类触头。目前采用较多的有螺旋槽型结构触头、带斜槽杯状结构触头和杯状纵磁结构触头三种，其中以采用杯状纵磁结构触头为主。

4）主屏蔽罩：主屏蔽罩也称为中间屏蔽罩或冷凝屏蔽罩，设置在触头周围，并正对着触头拉开后的燃弧区。其主要作用是可以阻挡电弧生成物四周喷溅的作用，有助于电弧熄灭后残余等离子体的衰减，防止绝缘外壳受污染。主屏蔽罩对真空灭弧室的弧后介质强度恢复速度和开断能力的提高起到很大作用。

5）动静导电杆：一般来讲，导电系统主要包括动、静导电杆和导电块。根据安装方式不同，静端导电有的靠静导电杆，有的靠导电块。动静导电杆一端连接触头，另一端伸出管外与机构连接从而实现与电路连接。

6）动静盖板：通过动静盖板与瓷壳进行钎焊，形成密闭的真空腔室。

7）导向套：导向套对动导电杆的运动起导向作用，尽量保证动导电杆动作过程中真空灭弧室动静端的同轴度，从而保证动静触头的接触面积。另外，导向套与动导电杆还可以做防扭设计，以防在装配过程中扭伤波纹管。

（2）真空灭弧室动作原理。

1）当动导电杆在操动机构带动下合闸时，动静触头闭合，电源与负载接通。当动导电杆在操动机构带动下带电分闸时，触头间产生真空电弧。

2）当真空灭弧室的触头在真空中带电分离时，电接触表面积迅速减小。动、静触头在分离的瞬间，电流收缩到触头刚分离的某一点或某几点上，电极间电阻剧烈增大，温度也迅速升高，最后金属桥熔化并蒸发出大量的金属蒸汽，同时形成极高的电场强度，导致剧烈的场致发射和间隙击穿，产生真空电弧。真空电弧不是靠电极间气体分子电离来维持，而是依靠触头材料蒸发所产生的金属蒸汽来维持。

3）当工作电流接近零时，同时触头间距增大，真空电弧的等离子体很快向四周扩散，电弧电流过零后，触头间隙的介质迅速由导电体变为绝缘体，于是电流被分断，开断结束。

3. 导电回路

与灭弧室的动端和静端连接构成的电流通道。

4. 传动机构

将操动机构的运动传输至灭弧室，实现灭弧室的合、分闸操作。

5. 绝缘支撑

绝缘支撑件将各功能组件连接起来，满足断路器的绝缘要求。

6. 操动机构

断路器合、分闸的动力驱动装置。

（三）真空断路器常见故障及处理方法

1. 真空断路器真空泡真空度降低的原因及处理

真空断路器在真空泡内开断电流并进行灭弧。由于真空断路器本身没有监测真空度特性的装置，所以真空度降低，故障不易被发现，其危险程度远远大于其他显性故障。出现真空度降低的主要原因有：真空泡内波形管的材质或制作工艺存在问题，多次操作后出现漏点；真空泡的材质或制作工艺存在问题，真空泡本身存在微小漏点；分体式真空断路器在操作时，由于操作连杆的距离比较大，直接影响真空断路器的同期、弹跳、超行程等特性，使真空度降低的速度加快。真空度降低将严重影响真空断路器开断电流的能力和使用寿命，在真空度比较低时还会引起真空断路器的爆炸，所以在进行真空断路器定期检修时，必须使用真空测试仪对真空泡进行真空度的定性测试，确保真空泡具有一定的真空度；当真空度降低时，必须更换真空泡，并做好行程、同期、弹跳等机械特性试验。

2. "合闸失灵"故障的判断和处理

（1）发生"拒合"情况，基本上是在设备启动进行合闸操作和出现故障需要重合闸的过程中，此种故障危害性较大。如在事故情况下，要求紧急投入备用电源时，如果备用电源断路器拒绝合闸，则会扩大事故。首先检查前一次拒绝合闸是否因操作不当引起（如控制开关放手太快等），用控制开关再重新合一次。若合闸仍不成功，检查电气回路各部位情况，以确定电气回路是否有故障。检查项目：合闸控制电源是否正常；合闸控制回路空气开关、熔断器和合闸回路熔断器、空气开关是否良好；合闸接触器的触点是否正常；将控制开关扳至"合闸"位置，看合闸铁芯动作是否正常。

（2）如果电气回路正常，断路器仍不能合闸，则说明为机械故障，应停电断路器，将断路器拉至检修位置，合上接地刀闸，对断路器本体机械部分进行检查。经过以上初步检查，可判定是电气方面还是机械方面的故障。

1）电气故障。

若合闸操作前，红、绿灯不亮，说明无控制电源或控制回路断线，可检查控制电源和整个控制回路上的元件是否正常，如：操作电压是否正常，熔断器是否熔断，防跳继电器是否正常，断路器辅助触点接触是否正常等。

当操作合闸后，绿灯闪，而红灯不亮，综保无指示，断路器机械分、合位置指示器仍在分闸位置，则说明操作手柄位置和断路器的位置不对应，断路器未合上，其原因有：合闸回路熔断器熔断或接触不良，合闸接触器未动作；合闸线圈发生故障等。

当操作断路器合闸后，绿灯熄灭，红灯瞬时明亮后又熄灭，绿灯又闪光，说明断路器合上后又自动跳闸，其原因可能是断路器合在故障线路上造成保护动作跳闸，或断路器机械故障不能使断路器保持在合闸位置。

若合闸操作后绿灯闪或熄灭，红灯不亮，但综保上有指示，机械分、合闸位置指示器在合闸位置；说明断路器已经合上，可能的原因是断路器辅助触点接触不良，例如动断触点未断开，动合触点未合上；还可能是合闸回路断线或合闸红灯烧坏。

2）机械故障。

传动机构连杆松动脱落、合闸铁芯卡涩、断路器分闸后机构未复位到预合位置、跳闸机构脱扣、合闸电磁铁动作电压过高，使挂钩未能挂住；分闸连杆未复位、机构卡死、连接部分轴销脱落，使机构空合；有时断路器合闸时多次连续做分合动作，此时系断路器的辅助动断触点断开过早；运行人员操作接地刀闸不到位或用力不均，造成接地刀闸闭锁无法解除，引起无法合闸等。

3．"分闸失灵"故障的判断和处理

开关拒分对系统安全运行威胁和人身安全的影响更大，轻则将会使电气设备烧坏或越级跳闸，引起电源断路器跳闸，使配电设备母线电压消失，造成停电；重则导致开关爆炸，对人身安全造成更大的伤害。对"拒分"故障的处理方法如下：

（1）根据事故现象，判断是否属断路器"拒分"事故。当出现综保显示数字跳变，电压指示值显著降低，回路光字牌亮，信号掉牌显示保护动作，则说明断路器拒绝分闸。检查是否为跳闸电源电压过低所致，如果跳闸回路良好，跳闸铁芯动作良好而断路器拒分，则说明是机械故障。如果电源良好，若铁芯动作无力，铁芯卡涩或线圈故障造成拒分，可能是电气和机械方面同时存在故障。若操作电压正常，操作后铁芯不动，则可能是电气故障引起"拒分"。

（2）常见的电气和机械方面的故障：

1）电气方面故障原因：控制回路熔断器熔断或跳闸回路各元件如控制开关触点、断路器操动机构辅助触点、防跳继电器和继电保护跳闸回路等接触不良；跳闸回路断线或跳闸线圈烧坏；继电保护整定值不正确；直流电压过低，低于额定电压的65%以下。

2）机械方面故障原因：跳闸铁芯动作冲击力不足，说明铁芯可能卡涩或跳闸铁芯脱落；触头发生机械卡涩，传动部分故障（如销子脱落等）。

4．"误合"故障的判断和处理

若断路器未经操作自动合闸，则属"误合"故障。如直流回路中正、负两点接地，使合闸控制回路接通；自动重合闸继电器内某元件故障，接通控制回路（如内部时间继电器动合触点误闭合）使断路器合闸；合闸接触器线圈电阻过小，且起动电压偏低，当直流系统瞬间发生脉冲时，会引起断路器误合闸。

5．"误分"故障的判断和处理

如果断路器自动跳闸而继电器未动作，且在跳闸时系统无短路或其他异常现象，则说明断路器"误分"。根据事故现象的特征，即在断路器跳闸前综保显示、信号指示正常，跳闸后，绿灯连续闪光，红灯熄灭，该断路器回路的电流及有功、无功指示为零，则可判定属"误分"。检查是否因人员误碰、误操作，或受机械外力振动而引起的"误分"，此时应排除开关故障，立即送电。

常见的电气和机械方面的故障：

（1）电气方面故障：保护动作整定值不当，电流、电压互感器回路故障；二次回路绝缘不良，直流系统发生两点接地，使直流正、负电源接通，这相当于继电保护动作，产生信号而引起跳闸。

（2）机械方面故障：跳闸脱扣机构维持不住；定位螺杆调整不当，使拐臂支点过高；托架弹簧变形，弹力不足；滚轮损坏；托架坡度大、不正或滚轮在托架上接触面少。

6. 真空断路器弹簧操动机构合闸储能回路故障

弹簧操动机构合闸储能回路故障的现象有：合闸后无法实现分闸操作；储能电机运转不停止等。其原因主要是行程开关安装位置的偏上或偏下，以及行程开关是否损坏。在合闸储能不到位的情况下，若线路发生事故，而真空断路器拒分闸，将会导致事故越级，扩大事故范围；如储能电机损坏，则真空断路器无法实现分合闸。运行人员在倒闸操作时，应注意观察合闸储能指示灯，以判断合闸储能情况。如出现上述故障时，应调整行程开关的位置，实现电机准确断电或更换已损坏的行程开关。检修人员在检修工作结束后，应就地进行 3 次分合闸试验，以确定真空断路器在良好状态。

7. 真空断路器分合闸不同期，弹跳数值大

此故障为隐性故障，必须通过机械特性测试仪的测量才能得出有关数据。出现这种故障的原因有：真空断路器本体机械性能较差，多次操作后，由于机械原因导致不同期，弹跳数值偏大；分体式断路器由于操作杆距离较大，分闸力传到触头时，各相之间存在偏差，导致不同期、弹跳数值偏大。如果不同期或弹跳数值偏大，都会严重影响真空断路器开断电流能力，影响真空断路器的使用寿命。由于分体式真空断路器存在诸多故障隐患，在更换真空断路器时应使用一体式真空断路器；定期检修工作时必须使用特性测试仪进行有关特性测试，及时发现问题，保证真空断路器的安全、可靠运行。

第二节　隔离开关设备

隔离开关主要用来隔离电路。在分段状态下有明显可见的断口，在关合状态下，导电系统中可以通过正常的工作电流和故障下的短路电流。隔离开关没有灭弧装置，除了能开断很小的电流外，不能用来开断负荷电流，更不能开断短路电流，但隔离开关必须具备一定的动、热稳定性。

一、隔离开关的主要作用

（1）在设备检修时，用隔离开关来隔离有电和无电部分，造成明显的断开点，倒修的设备与电力系统隔离，以保证工作人员和设备的安全。

（2）隔离开关和断路器相配合，进行倒闸操作，以改变运行方式。

（3）用来开断小电流电路和旁（环）路电流。

（4）用隔离开关进行 500kV 小电流电路合旁（环）路电流的操作。但须经计算符合隔离开关技术条件和有关调度规程后方可进行。

二、隔离开关分类

（1）按照安装环境分为户内式和户外式。

（2）按支持绝缘子的数目分为单柱式、双柱式、三柱式。

（3）按隔离开关的运动方式分为水平旋转式、垂直旋转式、摆动式、插入式。

（4）按有无接地装置及附装接地开关的数量不同分为不接地、单接地、双接地。

（5）按极数分为单极、三极。

（6）按操动机构分为手动式、电动式、气动式、液压式。

（7）按使用性质分为一般输配电用、快速分闸用、变压器中性点接地用。

（8）按照触头材料分为铜、铜钨合金，铜铋合金。

（9）按操作寿命分为 M0、M1、M2 级。

1）M0 级隔离开关：具有 1000 次操作循环的机械寿命，适合输、配电系统中使用且满足一般要求的隔离开关。

2）M1 级隔离开关：具有 3000～5000 次操作循环的延长机械寿命的隔离开关，主要用于隔离开关和同等级的断路器关联操作的场合。

3）M2 级隔离开关：具有 10 000 次操作循环的机械寿命，主要用于隔离开关和同等级的断路器关联操作的场合。

三、隔离开关的结构及原理

隔离开关由开断元件、支撑绝缘件、传动元件、基座及操动机构五个基本部分组成，其结构方框图如图 4-13 所示，结构示意图如图 4-14 所示，隔离开关是由一组静触头与一组动触头组成的开关，没有灭弧能力，一般用于将电力回路与电源隔开。对于低压隔离开关，一般采用手动操作系统。高压隔离开关一般采用电动操作系统。

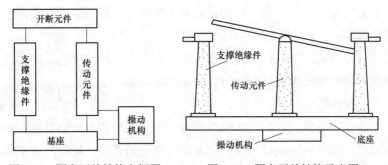

图 4-13　隔离开关结构方框图　　图 4-14　隔离开关结构示意图

隔离开关基本组成部分的主要零部件及其功能见表 4-1。

表 4-1   隔离开关基本组成部分的主要零部件及其功能

名称	主要零部件	功能
开断元件	主触头系统、主导电回路、接地系统触头	开断及关合电力线路,安全隔离电源
支撑绝缘件	绝缘子等构成的支柱式绝缘件	保证开断元件有可靠的对地绝缘,承受开断元件的操作力及各种外力
传动元件	各种连杆、齿轮、拐臂等元件	将操作命令及操动力传递给开断元件的触头或导杆及其他元件
基座	开关本体的底架底座等	整台产品的基础
操动机构	电动、气动及手动机构的本件及其配件等	为开断元件分、合闸操作提供能量,并实现各规定的操作

四、隔离开关基本运维要求

(一)隔离开关基本技术要求

按照隔离开关在电网中担负的任务及使用条件,其基本要求有:

(1)隔离开关分开后应有明显的断开点,易于鉴别设备是否与电网隔离。

(2)隔离开关断点间应有足够的绝缘距离,以保证在过电压情况下,不致引起击穿而危及工作人员的安全。

(3)在短路情况下,隔离开关应具有足够的热稳定性和动稳定性,尤其是不能因电动力的作用而自动分开,否则将引起严重事故。

(4)具有开断一定的电容电流、电感电流和环流的能力。

(5)分、合闸时的同期性要好,有最佳的分、合闸速度,以尽可能降低操作过电压、燃弧次数和无线电干扰。

(6)隔离开关的结构应简单,动作要可靠,有一定的机械强度;金属制件应能耐受氧化而不腐蚀;在冰冻的环境里能可靠地分、合闸。

(7)带有接地开关的隔离开关,必须装设联锁机构,以保证停电时先断开隔离开关,后闭合接地开关,送电时先断开接地开关,后闭合隔离开关的操作顺序。

(8)通过辅助触点,隔离开关与断路器之间应有电气闭锁,以防带负荷误拉、合隔离开关。

(9)对于用在气候寒冷地区的户外型隔离开关,应具有设计要求的破冰能力,在冰冻的环境里应能可靠地分、合闸。

(10)对于一般户外非 GIS 或 HGIS 用隔离开关,其外绝缘爬电距离应满足安装地点的污秽等级要求,同时应根据设计要求留有一定裕度。

(二)隔离开关具备的联锁、闭锁

隔离开关没有灭弧装置,只能接通和断开空载电路。只能在断路器断开的情况下,才能拉、合隔离开关,否则将发生带负荷拉、合隔离开关的错误,所以高压断路器与隔离开关之间要加装闭锁装置。

1. 联锁方式

(1)机械联锁:用电气设备本体的机械传动部分进行控制。

（2）电气联锁：用电气控制回路加装辅助触点以限制其进行操作。

（3）电磁联锁：通过微机五防，能保证断路器在合闸位置时无法分开隔离开关。

2. 隔离开关与相邻设备之间的闭锁

（1）隔离开关与断路器之间的闭锁：断路器和隔离开关之间通过连杆连接起来，使断路器在合闸位置时无法分开隔离开关。

（2）隔离开关与接地开关之间的闭锁：当隔离开关合闸的时候，利用隔离开关上的机械结构，将接地刀闸闭锁住，以避免在隔离开关合闸的状态下合上接地刀闸，从而造成接地故障。

（三）隔离开关操作注意事项

隔离开关操作时应注意：

（1）应先检查相应回路的断路器、相应的接地开关确已拉开并分闸到位，确认送电范围接地线已拆除。

（2）隔离开关电动操作电压应为额定电压的 85%～110%。

（3）手动合隔离开关应迅速、果断，但合闸终了时不可用力过猛。合闸后应检查动、静触头是否合闸到位，接触是否良好。

（4）手动分隔离开关，开始时应慢而谨慎，当动触头刚离开触头时应迅速，拉开后检查动、静触头断开情况。

（5）隔离开关在操作过程中，如有卡滞、动触头不能插入静触头、合闸不到位等现象时，应停止操作，待缺陷消除后再继续进行。

（6）在操作隔离开关过程中，要特别注意绝缘子有断裂等异常时，应迅速撤离现场，防止人员受伤。对 GW6、GW16 等型号的隔离开关，合闸操作完毕后，应仔细检查操动机构上、下拐臂是否均已超过死点位置。

（7）远方操作隔离开关时，应有值班员在现场逐相检查其分、合位置及同期情况、触头接触深度等项目，确保隔离开关动作正常，位置正确。

（8）隔离开关一般应在主控室进行操作，当远控电气操作失灵时，可在现场就地进行电动或手动操作，但必须征得站长和站技术负责人许可，并有现场监督才能进行。

（9）电动操作的隔离开关正常运行时，其操作电源应断开。

（10）操作带有闭锁装置的隔离开关时，应按闭锁装置的使用规定进行，不得随便动用解锁钥匙或破坏闭锁装置。

（11）禁止用隔离开关进行下列操作：

1）带负荷分、合操作。

2）配电线路的停送电操作。

3）雷电时，拉合消弧线圈。

4）系统有接地（中性点不接地系统）或电压互感器内部故障时，拉合电压互感器。

5）系统有接地时，拉合消弧线圈。

（四）直接用隔离开关进行的操作

允许用隔离开关直接进行的操作如下：

（1）在电力网无接地故障时，拉合电压互感器。

（2）在无雷电活动时拉合避雷器。

（3）拉合 220kV 及以下母线和直接连接在母线上的设备的电容电流，经试验允许的 500kV 空载母线和拉合 3/2 接线母线环流。

（4）在电网无接地故障时，拉合变压器中性点接地开关。

（5）与断路器并联的旁路隔离开关，当断路器合好时，可以拉合断路器的旁路电流。

（6）拉合励磁电流不超过 2A 的空载变压器、电抗器和电容器电流不超过 5A 的空载线路。

（7）对于 3/2 断路器接线，某一串断路器出现分、合闸闭锁时，可用隔离开关来解环，但要注意其他串着的所有断路器必须在合闸位置。

（8）双母线单分段接线方式，当两个母联断路器和分段断路器中某断路器出现分、合闸闭锁时，可用隔离开关断开回路。操作前必须确认三个断路器在合位，并取下其熔断器。

五、隔离开关的巡视维护

（一）隔离开关的巡视内容

（1）隔离开关的支持绝缘子应清洁完好，无放电声响或异常声响。

（2）触头、接点接触应良好，无螺丝断裂或松动现象，无严重发热和变形现象。

（3）引线应无松动、无严重摆动和烧伤断股现象，均压环应牢固且不偏斜。

（4）隔离开关本体、连杆和转轴等机械部分应无变形，各部件连接良好，位置正确。

（5）隔离开关带电部分应无杂物。

（6）操动机构箱、端子箱和辅助触点盒应关闭且密封良好，能防雨防潮。

（7）操动机构箱、端子箱内部应无异常，熔断器、热耦继电器、二次接线、端子连线、加热器等应完好。

（8）隔离开关的防误闭锁装置应良好，电磁锁、机械锁无损坏现象。

（9）定期用红外线测温仪检测隔离开关触头、接点的温度。

（10）操动机构包括操动连杆及部件，有无开焊、变形、锈蚀、松动、脱落，连接轴销子紧固螺母等是否完好。

（11）带有接地开关的隔离开关在接地时，三相接地开关是否接触良好。

（12）隔离开关合闸后，两触头是否完全进入刀嘴内，触头之间接触是否良好，在额定电流下，温度是否超过 70℃。

（13）隔离开关通过短路电流后，应检查隔离开关的绝缘子有无破损和放电痕迹，以及动、静触头的接头有无熔化现象。

（二）隔离开关的运行维护

（1）定期清除隔离开关上的鸟窝。

（2）定期对机构箱、端子箱进行清扫。

（3）定期对动力电源开关进行检查（用万用表）。

（4）定期对隔离开关机构箱、端子箱内的加热器进行检查并按照要求投退。

（5）对 500kV 隔离开关支柱停电进行水冲洗。

（6）在设备异常运行或过负荷运行时，天气异常、雷雨后，下雪时应重点检查接头、接点处的积雪情况，倒闸操作时应对隔离开关进行特殊巡视。

（7）在正常运行时应重点监视隔离开关的电流不许超过额定电流；温度不超过 70℃。隔离开关的接头及触头在运行中不应有过热现象，一般用变色漆或试温片进行监视（黄、绿、红三种，融化时分别代表 60℃、70℃、80℃）或用红外测温仪定期巡测。

六、隔离开关的常见故障及处理

在隔离开关的运行和操作中，易发生接点和触头过热、电动操作失灵、三相不同期、合闸不到位等异常情况。隔离开关常见故障及处理见表 4-2。

表 4-2　　　　　　　　　　　　　隔离开关常见故障及处理

故障现象	故障原因	处理方法
接触部分过热	（1）由于加紧弹簧松动； （2）接触部分表面氧化造成，由于热的作用氧化更加严重，造成恶性循环	如热量不断增加，停电后检修
绝缘子表面闪络和松动	（1）表面脏污； （2）胶合剂发生不应有的膨胀或收缩	（1）冲洗绝缘子； （2）更换新的绝缘子
刀片弯曲	由于刀片之间电动力的方向交替变化	检查刀片两端接触部分的中心线是否重合，如不重合，则需移动刀片或调整固定瓷柱的位置
固定触头夹片松动	刀片与固定触头接触面太小，电流集中通过接触面后又分散，使夹片产生斥力	研磨接触面，增大接触压力
隔离开关拉不开	（1）冰雪冻结； （2）传动机构和倒闸转动轴处生锈或接触处熔焊	（1）轻摇机构手柄，但应注意变形变位； （2）停电检修

思考题

1. 高压断路器的作用是什么？

2. 高压断路器分为哪几类？

3. 六氟化硫气体的基本特性是什么？

4. 简述六氟化硫断路器的结构。

5. 六氟化硫断路器的灭弧原理是什么？

6. 六氟化硫断路器的常见故障有哪些？

7. 油断路器分为哪几类？

8. 多油、少油断路器的特点各是什么？

9. 少油断路器的灭弧方式有哪些？

10. 少油断路器的日常巡检项目有哪些？

11. 简述真空断路器的特点。

12. 简述真空断路器的结构。

13. 简述真空断路器各部件的作用。

14. 真空断路器灭弧室的动作原理是什么？

15. 真空断路器的常见故障有哪些？

16. 隔离开关的主要作用是什么？

17. 简述隔离开关的结构及原理。

18. 隔离开关的常见故障有哪些？

第五章

互 感 器

互感器作用是按比例变换电压或电流的设备。其功能主要是将高电压或大电流按比例变换成标准低电压（100V）或标准小电流（5A 或 1A，均指额定值），以便实现测量仪表、保护设备及自动控制设备的标准化、小型化。同时互感器还可用来隔开高电压系统，以保证人身和设备的安全。

互感器分为电压互感器和电流互感器两大类，其主要作用有：将一次系统的电压、电流信息准确地传递到二次侧相关设备；将一次系统的高电压、大电流变换为二次侧的低电压（标准值）、小电流（标准值），使测量、计量仪表和继电器等装置标准化、小型化，并降低了对二次设备的绝缘要求；将二次侧设备以及二次系统与一次系统高压设备在电气方面很好地隔离，从而保证了二次设备和人身的安全。

第一节 电 流 互 感 器

一、电流互感器原理

电流互感器原理：电流互感器的结构较为简单，由相互绝缘的一次绕组、二次绕组、铁芯以及构架、壳体、接线端子等组成。其工作原理与变压器基本相同，一次绕组的匝数（N_1）较少，直接串联于电源线路中，一次负荷电流通过一次绕组时，产生的交变磁通感应产生按比例减小的二次电流；二次绕组的匝数（N_2）较多，与仪表、继电器、变送器等电流线圈的二次负荷（Z）串联形成闭合回路，由于一次绕组与二次绕组有相等的安培匝数，$I_1 N_1 = I_2 N_2$，电流互感器额定电流比电流互感器实际运行中负荷阻抗很小，二次绕组接近于短路状态，电流互感器运行时，二次侧不允许开路。因为一旦开路，一次电流均成为励磁电流，使磁通和二次电压大大超过正常值而危及人身和设备安全。因此，电流互感器二次侧回路中不许接熔断器，也不允许在运行时未经旁路就拆下电流表、继电器等设备。

二、电流互感器的准确度等级

电流互感器的准确度等级就是指它的测量误差（精度），一般有 0.2，0.5，1.0，0.2S，0.5S，5P，10P 等。带 S 的是特殊电流互感器，要求在 1%～120%负荷范围内精度足够高，一般取 5 个负荷点测量其误差（误差包括比差和角差，因为电流是矢量，故要求大小和相角差）小于规定的范围；0.2，0.5 等级要求误差 20%～120%负荷范围内精度足够高，一般取 4 个负荷点测量其误差小于规定的范围；而 5P，10P 的电流互感器一般用于接继电器保护用，即要求在短路电流下复合误差小于一定的值，5P 即小于 5%，10P 即小于 10%；所以电流互感器根据用途规定了不同的准确度，也就是不同电流范围内的误差精度。

三、电流互感器结构

（一）普通电流互感器结构

普通电流互感器的结构较为简单，由相互绝缘的一次绕组、二次绕组、铁芯以及构架、壳体、接线端子等组成。其工作原理与变压器基本相同，一次绕组的匝数（N_1）较少，直接串联于电源线路中，一次负荷电流（$\dot{I}_1$）通过一次绕组时，产生的交变磁通感应产生按比例减小的二次电流（$\dot{I}_2$）；二次绕组的匝数（N_2）较多，与仪表、继电器、变送器等电流线圈的二次负荷（Z）串联形成闭合回路，见图 5-1。

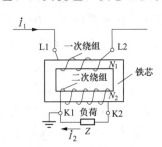

图 5-1 电流互感器的结构图

由于一次绕组与二次绕组有相等的安培匝数，$I_1 N_1 = I_2 N_2$。电流互感器额定电流比：$\dfrac{I_1}{I_2} = \dfrac{N_2}{N_1}$。电流互感器实际运行中负荷阻抗很小，二次绕组接近于短路状态，相当于一个短路运行的变压器。

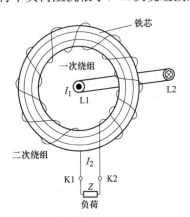

图 5-2 穿心式电流互感器结构图

（二）穿心式电流互感器结构

穿心式电流互感器其本身结构不设一次绕组，载流（负荷电流）导线由 L1 至 L2 穿过由硅钢片擀卷制成的圆形（或其他形状）铁芯起一次绕组作用。二次绕组直接均匀地缠绕在圆形铁芯上，与仪表、继电器、变送器等电流线圈的二次负荷 Z 串联形成闭合回路，见图 5-2。

由于穿心式电流互感器不设一次绕组，其变比根据一次绕组穿过互感器铁芯中的匝数确定，穿心匝数越多，变比越小；反之，穿心匝数越少，变比越大，即

额定电流比：$\dfrac{I_1}{n}$

式中 I_1——穿心一匝时一次额定电流；

n——穿心匝数。

（三）特殊型号电流互感器

1. 多抽头电流互感器

这种型号的电流互感器，一次绕组不变，在绕制二次绕组时，增加几个抽头，以获得多个不同变比。它具有一个铁芯和一个匝数固定的一次绕组，其二次绕组用绝缘铜线绕在套装于铁芯上的绝缘筒上，将不同变比的二次绕组抽头引出，接在接线端子座上，每个抽头设置各自的接线端子，这样就形成了多个变比，见图 5-3。

例如二次绕组增加两个抽头，K1、K2 绕组变比为 100/5，K1、K3 绕组变比为 75/5，K3、K4 绕组变比为 50/5 等。此种电流互感器的优点是可以根据负荷电流变比，调换二次接线端子的接线来改变变比，而不需要更换电流互感器，方便使用。

2. 不同变比电流互感器

这种型号的电流互感器具有同一个铁芯和一次绕组，而二次绕组则分为两个匝数不同、各自独立的绕组，以满足同一负荷电流情况下不同变比、不同准确度等级的需要，见图 5-4。

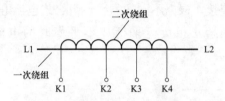

图 5-3　多抽头电流互感器原理图

注：L1～L2 为一次绕组，K1～K4 为二次绕组。

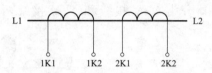

图 5-4　不同变比电流互感器原理图

注：L1～L2 为一次绕组，1K1、1K2，2K1、2K2 为二次绕组。

例如在同一负荷情况下，为了保证电能计量准确，要求变比较小一些（以满足负荷电流在一次额定值的 2/3 左右），准确度等级高一些（如 1K1、1K2 绕组变比为 200/5，精度为 0.2 级）；而用电设备的继电保护，考虑到故障电流的保护系数较大，则要求变比较大一些，准确度等级可以稍低一点（如 2K1、2K2 绕组变比为 300/5，精度为 1 级）。

3. 一次绕组可调，二次多绕组电流互感器

此类电流互感器的特点是变比量程多，而且可以变更，多见于高压电流互感器。其一次绕组分为两段，分别穿过互感器的铁芯，二次绕组分为两个带抽头的、不同准确度等级的独立绕组。一次绕组与装置在互感器外侧的连接片连接，通过变更连接片的位置，使一次绕组形成串联或并联接线，从而改变一次绕组的匝数，以获得不同的变比。带抽头的二次绕组自身分为两个不同变比和不同准确度等级的绕组，随着一次绕组连接片位置的变更，一次绕组匝数相应改变，其变比也随之改变，这样就形成了多量程的变比，见图 5-5（图中虚线为电流互感器一次绕组外侧的连接片）。

带抽头的二次独立绕组的不同变比和不同准确度等级，可以分别应用于电能计量、指示仪表、变送器、继电保护等，以满足各自不同的使用要求。例如当电流互感器一次绕组 L1-L2 串联时，见图 5-5（a），二次绕组 1K1、1K2，1K2、1K3，2K1、2K2，2K2、2K3 变比为 300/5，二次绕组 1K1、1K3，2K1、2K3 变比为 150/5；当电流互感器一次绕组 L1-L2 并联时，见图 5-5（b），二次绕组 1K1、1K2，1K2、1K3，2K1、2K2，2K2、2K3 变比为 600/5，二次绕组 1K1、1K3，2K1、2K3 变比为 300/5。

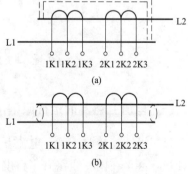

图 5-5　一次绕组可调/二次多绕组
电流互感器原理图

(a) 一次绕组串联（两匝）；

(b) 一次绕组并联（一匝）

4. 组合式电流电压互感器

组合式互感器由电流互感器和电压互感器组合而成，多安装于高压计量箱、柜，用作计量电能或用作用电设备继电保护装置的电源。

组合式电流电压互感器是将两台或三台电流互感器的一次、二次绕组及铁芯和电压互感器的一、二次绕组及铁芯，固定在钢体构架上，浸入装有变压器油的箱体内，其一、二次绕组出线均引出，接在箱体外的高、低压瓷瓶上，形成绝缘、封闭的整体。一次侧与供电线路连接，二次侧与计量装置或继电保护装置连接。根据不同的需要，组合式电流电压互感器分为 V/V 接线和 Y/Y 接线两种，以计量三相负荷平衡或不平衡时的电能，见图 5-6。

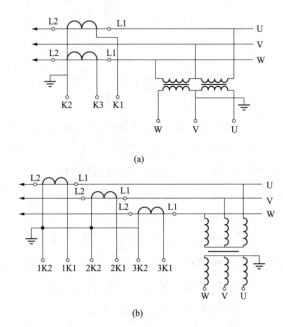

图 5-6 组合式电流电压互感器原理图

注：图中 K1、K2、K3，1K1、1K2、2K1、2K2，3K1、3K2 为二次绕组，

一次绕组分别接于电源 U、V、W 相。

第二节 电流互感器日常运行及维护

一、电流互感器的运行原则

（1）极性连接要正确。电流互感器一般按减极性标注，如果极性连接不正确，就会影响计量，甚至在同一线路有多台电流互感器并联时，全造成短路事故。

（2）二次回路应设保护性接地点，并可靠连接。为防止一、二次绕组之间绝缘击穿后高电压窜入低压侧，危及人身和仪表安全，电流互感器二次侧应设保护性接地点，接地点只允许接一个，一般将靠近电流互感器的箱体端子接地。

（3）运行中二次绕组不允许开路，否则会导致以下严重后果：

1）二次侧出现高电压，危及人身和仪表安全；

2）出现过热，可能烧坏绕组；

3）增大计量误差；

4）用于电能计量的电流互感器二次回路，不应再接继电保护装置和自动装置等，以防互相影响。

二、电流互感器的运行维护

（1）设备周围应无影响设备运行的杂物。

（2）各接触部分良好，无松动、发热和变色现象。

（3）充油式的互感器，油位正常，油色清洁，各部分无渗油、漏油现象；充气式的互感器压力正常。

（4）瓷瓶无裂纹及积灰。

（5）二次侧接地良好。

（6）各部分无放电声及烧损现象。

三、电流互感器的开路判断和故障处理

1. 对电流互感器开路判断

（1）回路仪表指示异常降低或为零。如用于测量表记的电流回路开路，会使三相电流表指示不一致、功率表指示降低，计量表记不转或转数减慢，如果表记指示时有时无，可能是处于半开路状态。

（2）TA 本体有噪声、振动不均匀、严重发热、冒烟等现象，当然这些现象在负荷小时表现并不明显；

（3）TA 二次回路端子、元件线头有放电、打火现象；

（4）继保发生误动或拒动，这种情况可在误跳闸或越级跳闸时发现并处理；

（5）电能表、继电器等冒烟烧坏。而有无功功率表及电能表、远动装置的变送器、保护装置的继电器烧坏，不仅会使 TA 二次开路，还可能会使 TV 二次短路。

2. 电流互感器二次开路处理

检查处理 TA 二次开路故障，要尽量减小一次负荷电流，以降低二次回路的电压。操作时注意安全，要站在绝缘垫上，戴好绝缘手套，使用绝缘良好的工具。

（1）发现 TA 二次开路，要先分清是哪一组电流回路故障、开路的相别、对保护有无影响，汇报调度，解除有可能误动的保护。

（2）尽量减小一次负荷电流。若 TA 严重损伤，应转移负荷，停电处理。

（3）尽快设法在就近的试验端子上用良好的短接线按图纸将 TA 二次短路，再检查处理开路点。

（4）若短接时发现有火花，那么短接应该是有效的，故障点应该就在短接点以下的回路中，可进一步查找。若短接时没有火花，则可能短接无效，故障点可能在短接点以前的回路中，可逐点向前变换短接点，缩小范围检查。

（5）在故障范围内，应检查容易发生故障的端子和元件。对检查出的故障，能自行处理的，如接线端子等外部元件松动、接触不良等，立即处理后投入所退出的保护。若开路点在 TA 本体的接线端子上，则应停电处理。若不能自行处理的（如继电器内部）或不能自行查明的故障，应先将 TA 二次短路后再向上级汇报。

第三节　电压互感器的基本原理及结构

一、电压互感器的工作原理

电压互感器的构造、原理和接线都与电力变压器相同，差别在于电压互感器的容量小，通常只有几十或几百伏安，二次负荷为仪表和继电器的电压绕组，基本上是恒定高阻抗。其工作状态接近电力变压器的空载运行。电压互感器的高压绕组，并联在系统一次电路中，二次电压与一次电压成比例，反映了一次电压的数值。电压互感器是一次侧与二次侧连接的桥梁。使二次回路与一次回路实施电气隔离，以保证测量工作人员和仪表设备的安全。把高电压按比例关系变换成 100V 或更低等级的标准二次电压，供保护、计量、仪表装置使用。同时，使用电压互感器可以将高电压与电气工作人员隔离。电压互感器的一、二次绕组额定电压之比，称为电压互感器的额定变比。

由于电压互感器的一次绕组是并联在一次电路中，与电力变压器一样，二次侧不能短路，否则会产生很大的短路电流，烧毁电压互感器。同样，为了防止高、低压绕组绝缘击穿时，高电压窜入二次回路造成危害，必须将电压互感器的二次绕组、铁芯及外壳接地。

二、电压互感器的准确度等级

与电流互感器类似，电压互感器的误差也分为电压误差和角误差。电压误差 ΔU 是二次电压的测量值 U_2 乘以额定变比 K_N（即一次电压的测量值）与一次电压的实际值 U_1 之差，并以一次电压实际值的百分数表示，即

$$\Delta U = \frac{K_N U_2 - U_1}{U_1} \times 100\%$$

角误差 δ 折算到一次侧的二次电压 U_2'，逆时针方向转 1800 与一次电压 U_1 之间的夹 δ，并规定当 $-U_2'$ 超前 U_1 时，δ 角为正值，反之，δ 角为负值。

电压互感器根据误差的不同，划分为不同的准确度等级。我国电压互感器的准确度分为四级，即 0.2 级、0.5 级、1 级、3 级，每种准确度等级的误差限值见表 5-1。

电压互感器的每个准确度等级，都规定有对应的二次负荷的额定容量 $S_{2N}(VA)$。当实际的二次负荷超过了规定的额定容量时，电压互感器的准确度等级就要降低。要使电压互感器能在选定的准确度等级下工作，二次所接负荷的总容量 $S_{2\Sigma}$ 必须小于该准确度等级所规定的额定容量 S_{2N}。电压互感器准确等级与对应的额定容量，可从有关电压互感器技术数据中查取，见表 5-1。

表 5-1　　　　　　　　　电压互感器的准确等级和误差限值

准确度等级	最 大 容 许 误 差		一次电压和二次负荷
	电压误差（±%）	角误差（±分）	
0.2	0.2	10	电压：（0.85～1.15）倍一次额定电压
0.5	0.5	30	负荷：（0.25～1）倍互感器额定容量
1	1	40	功率因数：$\cos\varphi_2=0.8$
3	3	不规定	

三、电压互感器的类型及基本结构

电压互感器种类较多，按绕组数分为双绕组和三绕组两种，三绕组电压互感器除了一、二次绕组外还有一组（个）辅助二次绕组供绝缘监测及零序回路。按相数分为单相和三相式，额定电压 35kV 及以上的电压互感器均制造为单相式。按安装地点分为户内和户外式，35kV 及以下多制成户内式。按绝缘及冷却方式可分为干式和浇注式，油浸式和充气式。干式（浸绝缘胶）结构简单，无着火爆炸危险，但绝缘强度较低，只适用于 6kV 以下的户内装置；浇注式结构紧凑，维护方便，适用于 3～35kV 户内配电装置；油浸式绝缘性能好，可用于 10kV 以上的户内外配电装置；充气式用于 SF_6 全封闭组合电器中。此外还有电容式电压互感器。

（一）JDZJ-10 型电压互感器

JDZJ-10 型电压互感器为环氧树脂浇注绝缘，外形结构如图 5-7 所示。这种电压互感器为单相三绕组，环氧树脂浇注绝缘的户内型互感器，可用三个电压互感器组成三个 YN/yn/d 接线，供中性点不接地系统的电压、电能测量及接地保护之用。

（二）JDJ-10 型电压互感器

JDJ-10 型电压互感器为单相油浸式电压互感器，结构如图 5-8 所示。铁芯和线圈装在充满变压器油的油箱内，线圈出线通过固定在箱盖上的套管引出。此类型电压互感器用于户外配电装置。

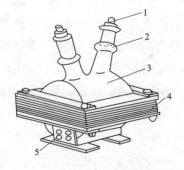

图 5-7　JDZJ-10 型电压互感器外形结构图
1— 一次出线；2—套管；3—主绝缘；
4—铁芯；5—二次出线

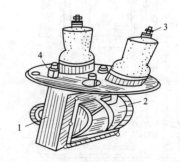

图 5-8　JDJ-10 型电压互感器结构图
1—铁芯；2—线圈；
3— 一次出线；4—二次出线

（三）JSJW-10型电压互感器

JSJW-10型电压互感器为三相五柱式电压互感器，其外形及铁芯、绕组接线如图5-9所示。绕组分别绕在中间在个铁芯上，两侧有两个辅助铁芯柱，作为单相接地时的零序磁通通道，使一次绕组的零序阻抗增大，从而大大限制了单相接地时通过互感器的零序电流，而不致危害互感器。每个铁芯柱均绕有三个绕组，一次绕组接成星形并引出中线，因此在油箱盖上有四个高压瓷瓶端子。每相有两个二次绕组，一组为基本绕组接成星形，中性点也引出，接线端子为a、b、c、o；另一组为辅助绕组接成开口三角形，引出两个接线端子a′、x′。此类型电压互感器广泛用于小接地电流系统，作为测量相、线电压和绝缘监察之用。

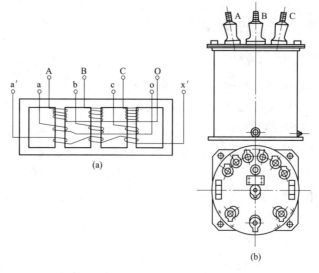

图 5-9　JSJW-10 型电压互感器外形示意图
（a）铁芯、绕组接线；（b）外形图

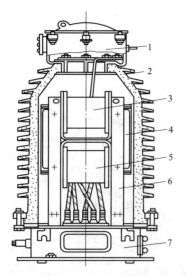

图 5-10　JCC-110 型电压互感器结构图

1—油扩张器；2—瓷外壳；3—上柱绕组；4—铁芯；
5—下柱绕组；6—支撑电木板；7—底座

（四）JCC-110型电压互感器

JCC-110型电压互感器是采用串级式结构，参数相同的一次绕组线圈单元分别套在铁芯上下两柱上，串接在相线和地之间，两个线圈单元的连接点与铁芯连接在瓷箱内，铁芯与底座绝缘。瓷箱兼作油箱和出线套管，减轻了质量和体积，如图5-10所示。由于每个单元参数相同，电压在各个单元上均匀分布，所以，每一级只处在该装置这一部分电压之下。铁芯和线圈采用分级绝缘，因此，可大量节约绝缘材料。在中性点直接接地系统中，每个线圈单元上的电压与相电压U_{xg}成正比，最末一个与地连接的线圈单元具有二次绕组，因而能成比例地反映系统相电压U_{xg}的变化。当二次绕组开路时，由于铁芯中的磁通相等，使电压在各单元线圈上分布均匀，如图 5-11（a）所示，每一线圈单元与铁芯的电位差只有 $U_{xg}/2$。但铁芯与外壳之间存在 $U_{xg}/2$ 的电位差，所以必须绝缘。由于瓷外壳是绝缘的，且绝缘的最大计算电压不超过 $U_{xg}/2$，所以容易做到，而普通结构的互感器，必须按全电压 U_{xg} 设计绝缘。

当二次绕组接通负荷后，由于二次绕组电流产生去磁磁势，产生漏磁通，使上、下铁芯柱内的磁通不相等，破坏了电压在各线圈单元的均匀分布，使准确度降低。为了避免这种现象，在两单元的铁芯上加装绕向和匝数相同的平衡绕组，并作反极性连接，如图 5-11 所示。当两单元铁芯内的磁通不相等时，平衡绕组中将产生环流，如图 5-11 中箭头所指方向，使上铁芯柱去磁，使下铁芯柱增磁，达到上、下铁芯内的磁通基本相等，从而使各线圈单元的电压分布较均匀，提高了准确度。

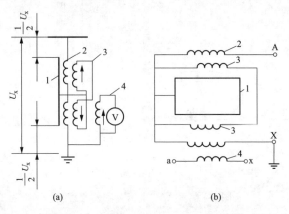

图 5-11 JCC-110 型电压互感器原理图

1—铁芯；2——次绕组；3—平衡绕组；4—二次绕组

JCC-110 型电压互感器有两个副绕组，基本二次绕组的电压为 $100/\sqrt{3}\,\text{V}$；辅助二次绕组的电压为 100V。这种电压互感器的缺点是准确度较低，其误差随串级元件数目的增加而加大。国产的 JCC 型电压互感器的准确度为 1 级和 3 级。220kV 的串级式电压互感器，有两个口字形铁芯，由四个线圈单元串联组成，除下铁芯装有平衡线圈外，在两个铁芯的相邻铁芯柱上，还设有连耦线圈，其作用与平衡线圈相似。

（五）电容式电压互感器

电容式电压互感器原理如图 5-12 所示，它由电容分压器和电磁单元两个独立的元件组成。电容分压器的中压端子和接地端子穿过密封的油箱箱盖引入到油箱中分别与电磁单元的中压端子（A′）和二次接线板的接地端子（N）相连。

电容分压器采用污秽型瓷套，内部充有十二烷基苯，并有外油式金属扩张器。电容分压器的上端盖即为高压端子，分压器的中压端子由底部的 35kV 浇注绝缘子引出，接到电磁单元内的高压端 A′，分压器的低压端通过子分压器底部的 10kV 浇注绝缘子引出，接到电磁单元内的二次接线板上的端子上。载波装置、保护球极（N-E 间）设在二次接线盒内，当电容式电压互感器作载波用时，需将 N-E 间连接片断开；如果不作载波用则须将 N-E 用连接片短接。

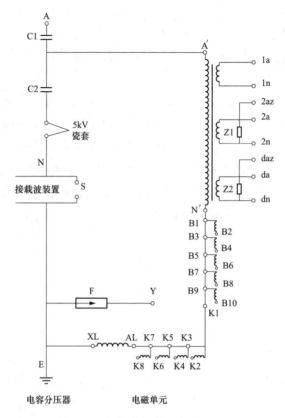

图 5-12 电容式电压互感器原理图

C1—高电压电容器；C2—中间电压电容器；A—电容分压器高压端子；N—电容分压器低压端子；
E—接地端子；A′，N′—中间变压器一次绕组的接线端子；B1~B10—中间变压器一次绕组匝数调节线段；
AL，XL—补偿电抗器；K1~K8—补偿电抗器绕组匝数调节线段；1a，1n—二次绕组 1 号；2a，2n—二次绕组 2 号；
da，dn—剩余电压绕组；Z1，Z2—阻尼器；F—低压避雷器；S—载波装置保护球极

　　电磁单元的箱盖上有注油活门。油箱内有中间变压器和补偿电抗器、阻尼器、保护补偿电抗器的低压避雷器，并充有变压器油。中间变压器高压绕组与补偿电抗器串联，二者均有若干调节线段，调节线段的端子由调节线段盒引出。电磁单元的二次绕组端子及接地端子均由二次接线盒引出，补偿电抗器有可调气隙的铁芯。油箱上设有油标、调节线段盒、二次接线盒、放油活门、接地螺栓及产品铭牌。油箱上设有 4 个吊攀，用来吊起电磁单元或整台电容式电压互感器。油箱用槽钢作安装底脚，其上有 4 个安装孔，以便安装固定设备。

第四节　电压互感器日常运行及维护

一、电压互感器的运行原则

　　（1）电压互感器在额定容量下能长期运行，在制造时要求能承受其额定电压的 1.9 倍而无损坏，但实际运行电压不应超过额定电压的 1.1 倍，最好是不超过额定电压的

1.05 倍。

(2) 电压互感器在运行中，二次绕组不能短路。因为如果二次绕组短路，二次电路的阻抗大大减小，就会出现很大的短路电流，使二次绕组因严重的发热而烧毁。

(3) 110kV 电压互感器，一次侧一般不装熔断器，因为这一类互感器采用单相串级式，绝缘强度高，发生事故的可能性小；又因为 110kV 及以上系统，中性点一般采用直接接地，接地发生故障时，会瞬时跳闸，不会过电压运行。在电压互感器的二次侧装设熔断器或自动空气开关，当电压互感器二次侧发生故障时，使之能迅速熔断或切断，以保证电压互感器不遭受损坏。

(4) 油浸式电压互感器应装设油位计和吸湿器，以监视油位，并减少空气中水分和杂质的影响。

(5) 启用电压互感器时，应检查绝缘是否良好，定相是否正确，油位是否正常，接头是否清洁。

(6) 停用电压互感器时，应先退出相关保护和自动装置，断开二次侧自动空气开关，防止反充电。

二、电压互感器的运行维护

(1) 设备周围应无影响送电的杂物。

(2) 各接触部分良好，无松动、发热和变色现象。

(3) 充油式的电压互感器，油位正常，油色清洁，各部分无渗油、漏油现象。

(4) 瓷瓶无裂纹及积灰。

(5) 二次侧的 B 相或中性点接地良好。

(6) 熔丝接触是否良好。

(7) 各部分有无放电声及烧损现象。

(8) 限流电阻丝有无松动，接线是否良好。

三、电压互感器的异常运行和故障处理

1. 电压互感器本体异常现象

(1) 电压互感器的高压熔断器连续熔断。

(2) 电压互感器内部发热温度高。

(3) 电压互感器内部有冒烟、着火现象。

(4) 电压互感器内部有放电声及其他异常声音。

(5) 电压互感器内部有严重的喷油、漏油现象等。

2. 电压互感器本体异常的故障处理

(1) 退出可能误动的保护（如距离保护和电压保护等）及自动装置（如 BZT 自投装置和按频率自动减负荷装置等）。

(2) 断开该电压互感器二次断路器，取下二次熔断器，若高压熔断器已熔断，可拉开隔离开关，将该电压互感器隔离。

（3）故障程度较轻时（如漏油、内部发热、声音异常等），若高压侧熔断器未熔断，取下低压侧熔断器后，可以直接拉开隔离开关，隔离故障。

（4）故障程度较严重时（如冒烟、着火和绝缘损坏等），若高压侧熔断器上装有合格的限流电阻，可按现场规程拉开隔离开关进行隔离，若无限流电阻时，应用断路器切除故障，不能直接拉开隔离开关，以防止在切断故障时，引起母线短路及人身事故。如在双母线接线系统中，一台电压互感器发生严重故障时，可以倒母线，用母线断路器切除故障。

（5）故障隔离后，通过方式倒换（如合上电压互感器二次并列断路器，重新投入所退保护及自动装置）维持一次系统的正常运行。

思考题

1. 简述互感器的作用及分类。

2. 电流互感器的原理是什么？

3. 简述电流互感器的准确度等级。

4. 简述电流互感器的结构。

5. 电流互感器的运行原则是什么？

6. 电流互感器的运行维护要求是什么？

7. 电流互感器开路故障如何判断及处理？

8. 简述电压互感器的工作原理。

9. 简述电压互感器的准确度等级。

10. 简述电压互感器的类型。

11. 简述电压互感器的基本结构。

12. 电压互感器的运行原则是什么？

13. 电压互感器的运行维护要求是什么？

14. 电压互感器的常见故障及如何处理？

第六章

发 电 厂 防 雷

第一节 避雷器概述

避雷器是连接在导线和地之间的一种防止雷击的设备，通常与被保护设备并联。避雷器可以有效地保护电力设备，一旦出现不正常电压，避雷器产生作用，起到保护作用。当被保护设备在正常工作电压下运行时，避雷器不会产生作用，对地面来说视为断路。一旦出现高电压，且危及被保护设备绝缘时，避雷器立即动作，将高电压冲击电流导向大地，从而限制电压幅值，保护电气设备绝缘。当过电压消失后，避雷器迅速恢复原状，使系统能够正常供电。避雷器的主要作用是通过并联放电间隙或非线性电阻的作用，对入侵流动波进行削幅，降低被保护设备所受过电压值，从而达到保护电力设备的作用。

避雷器不仅可用来防护大气高电压，也可用来防护操作高电压。如果出现雷雨天气，电闪雷鸣就会出现高电压，电力设备就有可能有危险，此时避雷器就会起作用，保护电力设备免受损害。避雷器的最大作用也是最重要的作用就是限制过电压以保护电气设备。避雷器是使雷电流流入大地，使电气设备不产生高压的一种装置，主要类型有管型避雷器、保护间隙避雷器、阀型避雷器和氧化锌避雷器等。

一、管型避雷器

管型避雷器示意图如图 6-1 所示，它是保护间隙型避雷器中的一种，大多用在供电线路上作避雷保护。这种避雷器可以在供电线路中发挥很好的功能，在供电线路中有效的保护各种设备。

二、保护间隙避雷器

保护间隙避雷器示意图如图 6-2 所示，它可以说是一种最简单的避雷器，按其形状可

图 6-1 管型避雷器示意图

图 6-2 保护间隙避雷器示意图

以分为棒形、角形、环形等。它是由主间隙和辅助间隙串联而成的。保护间隙的优点就是结构简单、造价低。但是，由于放电间隙暴露在空气中，放电特性受环境的影响大，放电分散性大，并且由于一般保护间隙的电场属于极不均匀电场，因此它的伏秒特性曲线比较陡，与被保护设备的绝缘配合不理想；同时放电时会产生截波，对有线圈的设备产生危害。保护间隙避雷器另一个严重的缺点是灭弧能力差，对于间隙动作后流过的工频续流往往不能够自行熄灭，将引起断路器的跳闸，为了保证安全供电，往往与自动重合闸装置配合使用。因此保护间隙避雷器主要用于10kV以下的配电线路中。

三、阀型避雷器

阀型避雷器示意图如图6-3所示，它由火花间隙及阀片电阻组成，阀片电阻的制作材料是特种碳化硅。利用碳化硅制作发片电阻可以有效地防止雷电和高电压，对设备进行保护。当有雷电高电压时，火花间隙被击穿，阀片电阻的电阻值下降，将雷电流引入大地，这就保护了电气设备免受雷电流的危害。在正常的情

图6-3　阀型避雷器示意图

况下，火花间隙是不会被击穿的，阀片电阻的电阻值上升，阻止了正常交流电流通过。阀型避雷器是利用特种材料制成的避雷器，可以对电气设备进行保护，把电流直接导入大地。

图6-4　氧化锌避雷器示意图

四、氧化锌避雷器

氧化锌避雷器示意图如图6-4所示，它是一种保护性能优越、质量轻、耐污秽、阀片性能稳定的避雷设备。氧化锌避雷器不仅可作雷电过电压保护，也可作内部操作过电压保护。氧化锌避雷器性能稳定，可以有效地防止雷电高电压或者对

操作过电压进行保护，这是一种具有良好绝缘效果的避雷器，在危急情况下，能够有效保护电力设备不受损害。以上介绍的是几种避雷器的主要作用，每种避雷器各自有各自的优点和特点，需要针对不同的环境进行使用，能起到良好的绝缘效果。避雷器在额定电压下，相当于绝缘体，不会有任何的动作产生。当出现危机或者高电压的情况下，避雷器就会产生作用，将电流导入大地，有效地保护电力设备。

第二节　避雷针及避雷线的保护范围

一、避雷针的工作原理

雷电击中物体会产生强烈的破坏作用，防雷是人类同自然斗争的一个重要课题。安装避雷针是行之有效的防雷措施之一。避雷针又名防雷针、接闪杆，是用来保护电力设施等

避免雷击的装置。在被保护物顶端安装一根接闪器，用符合规格的导线与埋在地下的泄流地网连接起来。当雷云放电接近地面时，地面电场发生畸变，在避雷针的顶端，形成局部电场集中的空间，引导雷电向避雷针放电，再通过接地引下线和接地装置将雷电流引入大地，从而使被保护物体免遭雷击。避雷针规格必须符合标准，每一个防雷类别需要的避雷针高度规格都不一样。

在雷雨天气，上空出现带电云层时，避雷针顶部都被感应上大量电荷，由于避雷针针头是尖的，所以静电感应时，导体尖端总是聚集了最多的电荷。这样，避雷针就聚集了大部分电荷。避雷针又与这些带电云层形成了一个电容器，由于它较尖，即这个电容器的两极板正对面积很小，电容也就很小，也就是说它所能容纳的电荷很少。避雷针聚集了大部分电荷，所以，当云层上电荷较多时，避雷针与云层之间的空气就很容易被击穿，成为导体。这样，带电云层与避雷针形成通路，而避雷针又是接地的，避雷针就可以把云层上的电荷导入大地，保证了电力设备的安全。

二、避雷针的结构

避雷针由接受器、接地引下线和接地体（接地极）三部分串联组成，具体说明如下：

（1）避雷针的接受器是指避雷针顶端部分的金属针头。接受器的位置都高于被保护的物体。

（2）接地引下线是避雷针的中间部分，是用来连接雷电接受器和接地体的。接地引下线的截面积不但应根据雷电流通过时的发热情况计算，使其不会因过热而熔化，而且还要有足够的机械强度。

（3）接地体是整个避雷针的最底下部分。它的作用不仅是安全地把雷电流由此导入地中，而且还要进一步使雷电流在流入大地时均匀地分散开去。避雷针的工作原理就其本质而言，避雷针不是避雷，而是利用其高耸空中的有利地位，把雷电引向自身，承受雷击。同时把雷电流泄入大地，起着保护其附近比它矮的建筑物或设备免受雷击的作用。避雷针保护其附近比它矮的建筑物或设备免受雷击是有一定范围的。这范围像一顶以避雷针为中心的圆锥形的帐篷，罩在帐篷里面空间的物体，可以免遭雷击，这就是避雷针的保护范围。

单支避雷针的保护范围如图 6-5 所示，它的具体计算通常采取下列方法（这种方法是从实验室用冲击电压发生器做模拟试验获得的）。

1. 避雷针在地面上的保护半径为：

$$r = 1.5hp$$

式中　r ——保护半径（m）；

h ——避雷针或避雷线的高度（m），当 $h > 120$m 时，可取其等于 120m；

p ——高度影响系数，$h \leqslant 30$m，$p = 1$；

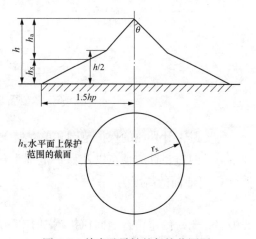

图 6-5 单支避雷针的保护范围图

$30\text{m}<h\leqslant120\text{m}$，$p=5.5/\sqrt{h}$；$h>120\text{m}$，$p=0.5$。

2. 在被保护物高度 h_x 水平面上的保护半径为：

（1）当 $h_x\geqslant0.5h$ 时，保护半径应按下式确定：

$$r_x=(h-h_x)p=h_a p$$

式中 r_x——避雷针或避雷线在 h_x 水平面上的保护范围（m）；

h_x——被保护物的高度（m）；

h_a——避雷针的有效高度（m）。

（2）当 $h_x<0.5h$ 时，保护半径应按下式确定：

$$r_x=(1.5h-2h_x)p$$

图 6-5 中顶角 θ 称为避雷针的保护角。对于平原地区 θ 取 45°；对于山区，保护角缩小，θ 取 37°。

我们通过一个具体例子来计算单支避雷针的保护范围。一座烟囱高 $h_x=29\text{m}$，避雷针尖端高出烟囱 1m。

那么避雷针高度为 30m。

避雷针在地面上的保护半径 $r=1.5h=1.5\times30=45(\text{m})$。

避雷针对烟囱顶部水平面的保护半径 $r_x=(h-h_x)p=(30-29)\times1=1(\text{m})$。

随着所要求保护的范围增大。单支避雷针的高度要升高，但如果所要求保护的范围比较狭长（如长方形），就不宜用太高的单支避雷针，这时可以采用两支较矮的避雷针。两支等高避雷针的保护范围如图 6-6 所示。

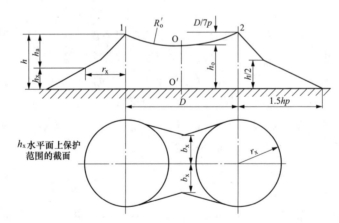

图 6-6 两支等高避雷针的保护范围图

每支避雷针外侧的保护范围和单支避雷针的保护范围相同；两支避雷针中间的保护范围由通过两避雷针的顶点以及保护范围上部边缘的一最低点 O 作一圆弧来确定。这个最低点 O 离地面的高度为

$$h_0=h-D/7p$$

式中 h_0——两避雷针之间保护范围上部边缘最低点的高度（m）；

h——避雷针的高度（m）；

D——两避雷针之间的距离（m）；

p——高度影响系数。

两避雷针之间高度为 h_x 水平面上保护范围的一侧的最小宽度 $b_x=1.5(h_0-h_x)$。

当两避雷针间距离 $D=7h_p$ 时，$h_0=0$，这意味着此时两避雷针之间不再构成联合保护范围。当单支或双支避雷针不足以保护全部设备或建筑物时，可装三支或更多支形成更大范围的联合保护，其保护范围在此不再赘述。需要注意的是：雷电时期内，在避雷针接地装置附近，由于跨步电压很高，人员接近时有触电的危险，一般在避雷针接地装置附近约 10m 的范围内是比较危险的。

三、避雷线的作用

避雷线作用是防止直击雷，使在它们保护范围内的电气设备（架空输电线路及变电站设备）遭直击雷绕击的概率减小。同时，利用避雷器的分流作用，可以减少流经杆塔的雷电流；利用避雷线的耦合作用，可以降低绝缘子串上的电位；利用避雷线的屏蔽作用，可以降低导线上的感应过电压；可见线路上架设的避雷线是提高线路耐雷水平的主要措施。避雷线是架设在被保护物上方水平方向的金属线。它也由三部分组成，即平行悬挂在空中的金属线（又称接闪器）、接地引下线和接地体。避雷线的接闪器一般采用不小于 35mm² 的镀锌钢绞线。引下线上端与接闪器相连，下端与接地体相连。对引下线及接地体的基本要求与避雷针的相同。用来保护输电线路的避雷线悬挂在输电导线的上面，如果线路是用木质杆塔架设，应在木杆的腿上固定避雷线的接地引下线，如果线路是用金属杆塔或钢筋混凝土杆架设，可用金属杆塔本身或钢筋混凝土杆内的钢筋作为接地引下线。如果在木杆线路上悬挂有两根避雷线，那么在每根杆塔处两根避雷线应互相成金属性连接，从而减小避雷线的波阻抗，降低过电压。

四、避雷线保护范围

避雷线保护范围是指被保护物在此空间内可遭受雷击的概率在可接受值之内。各种文献规定的保护范围不同是指允许遭受雷击的概率不同。中华人民共和国电力行业标准 DL/T 620—1997《交流电气装置的过电压保护和绝缘配合》中规定，避雷线保护范围内可遭受雷击概率为 0.1%，即保护范围可靠率达 0.999。美国推荐性标准 IEEE Std142—1991 规定。避雷针击距（或球半径）为 30m 时，保护范围内遭受雷击概率（绕击率）大约为 0.1%；击距（或球半径）采用 45m 时，雷击概率大约为 0.5%。国内一些文献或标准所推荐的滚球法，从未告诉人们保护范围空间内雷电绕击率是多少，或保护可靠率是多大。在一些情况下，用避雷线比用避雷针较方便和经济。避雷线保护范围截面建立类似避雷针，仅系数不同，这是因避雷线的引雷功能没有避雷针强。

第三节　接　地　网

一、概述

电力系统的接地网是维护电力系统安全可靠运行、保障运行人员和电气设备安全的重要措施。随着电网的发展、电网规模的不断扩大，接地短路电流越来越大，特别是变电站内微机保护、综合自动化装置的大量应用，这样弱电元件对接地网的要求也越来越高。它不仅要满足工频短路电流的要求，还要满足雷电冲击电流、热稳定、设备接触电位差、跨步电位差、接地电流干扰等一系列的要求。从电力系统历年的事故简报中可以看出，由于接地装置的问题而引起的主设备损坏，甚至变电站、发电厂停运等事故已有多次，极大地危害了电网的安全稳定运行。

为了保证和提高电网设备工作的可靠性、安全性，电网接地技术的应用是必不可少的。电网接地是为了在正常和事故以及雷击的情况下，利用大地作为接地电流回路的一个元件，从而将设备接地处电位限制为所允许的电位。此时的电位大小除与电流的幅度和波形有关外，还和接地体的几何尺寸以及大地的电性参数有关。原因一是接地体的几何形状比较复杂，二是地面下的地层结构非常复杂，且各地都不一致。变电站接地系统一方面将故障电流流散到土壤中，另一方面使跨步电位差和接触电位差限制在人体容许的安全范围，以确保设备与人身安全。新颁布的二十五项重点反事故措施中，对接地问题也进行了重要规定，要求重要设备都必须是两点接地，像变压器（特别是变压器的中性点）的接地必须要从地网的两个不同的接地线分别进行两点接地。

二、变电站接地网运行工况

变电站接地网的导体埋在地下，常因施工时焊接不良及漏焊、土壤的腐蚀、接地短路电流电动力作用等原因，导致地网导体及接地引线的腐蚀，甚至断裂，使地网的电气连接性能变坏、接地电阻增高。若遇电力系统发生接地短路故障，将造成地网本身局部电位差和地网电位异常增加，除给运行人员带来威胁外，还可能因反击或电缆皮环流使得二次设备的绝缘遭到破坏。高压串入控制室，使监测或控制设备发生误动或拒动而扩大事故，带来巨大的经济损失和社会影响。

在腐蚀性较强的土壤、特别是在腐蚀性强的盐碱地中的地网，地网腐蚀特别严重。根据国外的调查研究表明，在腐蚀性较强的土壤中，地网金属的年腐蚀率可达 2.0mm，腐蚀性强的土壤中可达 3.4mm，腐蚀性极强的土壤中可达 8.0mm。因此在这些地区，地网腐蚀已构成影响电力系统安全运行的重要因素。在我国，因地网腐蚀或发生断裂而引起的电力系统的事故时有发生，每次事故都会产生巨大的经济损失。地网事故是变电站的一个心腹之患，接地网导体的腐蚀或断裂是接地网接地电阻升高从而引起接地网事故的根本原因。同时，变电站运行中的电气设备经常由于雷电过电压，操作过电压造成损坏，这种设备事故损坏是直观的，但对于接地装置来讲，过电压对地网的损伤是不直观的。因此，这种损坏往往被忽视，如有的过电压故障时间较长，故障电流使接地网多处烧损，变电站地网内出现高电位，对二次回路造成威胁，对人身安全构成危险，严重时会造成变电站部分或全站停电、主设备损坏等恶果。

三、变电站接地的目的和用途

变电站的接地就是将电气装置、建筑和设备中的某些导电部分，经过接地线通过接地网接至接地极上。由于地中自然电场和人工电场的影响，设备接地处的电位常常不是等于零。当有电流通过接地体流入地中时，设备接地处的电位会相当高。在大地短路电流系统中，接地电位可能达 2000V 及以上。在雷击时，接地体的电位可能达到数十万伏，电流可达数十至数百万千安，时间却很短（一般为数十微秒）。由于接地体的电位升高，会使设备受到反击过电压的作用，设备有可能因此而被击穿或引起误动作。电流离开接地体在地中流散时，还会在地面上出现电位梯度。人体站在这样的地面上，有可能受到接触电位差和跨步电位差引起的电击伤害。接地装置是接地线和接地极的总和，埋入地中并直线与大地接触的金属导体，称为接地极。接地线是指电气装置、设施的接地端子与接地极连接用的金属导电部分。

（一）变电站接地的主要目的

（1）防止故障电流危害人身和设备。

（2）防止雷电流危害人身和设备。

（3）防止感应电流危害人身和设备。

（4）防止开关设备操作过电压损坏设备。

（5）保证施工人员和设备的安全，等等。

（二）变电站接地按用途分类

（1）工作接地。即在电力系统电气装置中，为运行需要所设的接地（如中性点直接接地或经其他装置接地等）。

（2）保护接地。即电气装置的金属外壳、配电装置的构架和线路杆塔等，由于绝缘损坏有可能带电，为防止其危及人身和设备安全而设的接地。

（3）雷电保护接地。即为雷电保护装置（避雷针、避雷线和避雷器等）向大地泄放雷电流而设的接地。

在电力系统中，变电站的接地主要指是电气设备的保护接地。也就是将电气设备在正常运行情况下不带电的金属外壳、配电装置的金属构架等和接地体之间作良好的金属连接。

第四节 发电厂防雷设施维护及试验

为了保证防雷装置在正常状态下运行，必须做好运行维护工作。除了定期巡视检查和清扫维护外，在每次雷电过后及系统可能发生过电压等异常情况时，都应对防雷装置进行特殊的巡视检查，保证其可靠运行。

一、运行、维护注意事项

运行中应注意，在雷雨时禁止任何人走近避雷针，以防止泄放的雷电流产生危险的跨步电压对人产生伤害。从避雷针和避雷线的工作原理可知，它先将雷引向自身，再经过良导体将雷电流入地，利用接地装置使雷电压幅值降到最低。这就要求运行维护中一定要注意检查雷电流导通回路和集中接地装置等部分，具体如下：

（1）检查避雷针、避雷线以及它们的接地引下线有无锈蚀，接地是否良好，接地电阻值是否小于规定值。在雷电流导通入地回路中，若构架至地中接地装置的连接扁钢等严重腐蚀，将影响雷电流的安全入地和防雷效果。

（2）检查导电部分的连接处，如焊接点、螺栓接点等连接是否紧密牢固，发现有接触不良或脱焊的接点，应立即修复。

（3）检查避雷针是否安装牢固，本体有无裂纹、歪斜等现象，基础是否下沉。

（4）检查避雷针和避雷线有无断裂痕迹。尤其是对超高压变电站内的避雷针或避雷线，它们一般处于很高的空中，长年在风力的作用下，避雷针或避雷线会产生摆动或振动，应注意检查其机械状况，防止避雷针或避雷线因金属疲劳而折断坠落。

二、良好的接地系统应具备的主要条件

（1）提供一个尽可能低的低电阻对地路径（接地电阻），接地电阻越低，雷电流、浪涌和故障电流就可越安全地消散到大地，过电压值就越低。

（2）接地导体应具有良好的防腐能力并能重复通过大的故障电流，接地系统的寿命应不小于地面主要设备的寿命。一般至少要求 30 年以上寿命。长期、可靠、稳定的接地系统，是维持设备稳定运行，保证设备和人员安全的根本保障。

三、目前接地网存在的主要问题

1. 接地网的均压问题

目前部分变电站接地网的电位分布测试，发现接地网的均压不符合要求。特别是横向电位分布电位梯度大，跨步电压超标，这是由于在接地网设计时把接地电阻作为主要的技术指标，而忽略了地网的均压和散流，或只用长孔地网而很少用方孔地网计算。特别是沿电缆沟没有均压措施，由于地网的均压不好，在短路电流或冲击电流入地时就会造成地网的局部电位升高，高压向低压反击烧坏微机控制设备或低压控制回路。

2. 设备的接地与地网之间的连通问题

变电站内的电气设备与接地网的连接问题，主要有以下几个方面：

（1）设备的接地引下线与地网焊接不良；

（2）从焊口处开路；

（3）接地网水平接地体的接头处焊接不符合要求；

（4）经过长时间的腐蚀形成电气上的开路；

（5）设备接地引下线的截面小，经过长时间的锈蚀从地下锈断；

（6）有些设备接地引下线与设备外壳用螺栓连接，经过长时间会锈蚀，在连接处由于生锈形成开路。

3. 接地引下线及接地体的截面偏小，满足不了短路电流的热稳定

由于接地体或设备的接地引下线不能满足短路电流热稳定的要求，在发生接地短路时接地引下线往往被烧断，使设备外壳上有较高的过电压，有时会反击到低压二次回路使事

故扩大，有的用户就是因为设备的接地引下线截面不够在设备发生接地短路时，高压窜入低压回路烧坏二次保护控制电缆，使事故扩大。

4. 接地装置的腐蚀问题

接地装置的腐蚀是一个普遍存在的问题，变电所接地网最容易发生腐蚀的是接地引下线，由于腐蚀接地线不能满足接地短路电流热稳定的要求或者形成电气上的开路，使设备失去接地；还有电缆沟内的接地带也容易发生腐蚀，尤其是各焊接头。

5. 水平接地体的埋深不够

标准规定水平接地体要埋深0.6m以下，可是通过开挖检查发现许多水平接地体埋深不足0.3m，有的甚至浮在地表。由于水平接地体埋深不够，接地电阻受季节影响，尤其受土壤干湿度影响较大。由于表层土壤容易干燥，造成接地装置的接地电阻不稳定，水平接地体的埋深不够，就影响接地网的均压，在发生接地短路时地面的跨步电压较大，对巡视人员构成威胁，上层土壤的含氧浓度高，容易发生腐蚀，这也是水平接地体容易损坏的主要原因。

6. 接地电阻超标问题

一是由于各种条件的限制，在变电所建成时接地电阻就超标，这些情况一般发生在山区变电所等土壤电阻率较高的地方；二是由于腐蚀使接地网部分和主地网断开，由于腐蚀使接地体的电阻变大。

7. 防腐措施遥接地网

采用导电涂料和锌电极联合保护，这个方法是将接地网涂两遍涂料，再连接牺牲阳极埋于地下。

采用导电涂料能降低接地电阻值，且能使接地网的接地电阻变化平稳。腐蚀较严重的变电站应选取铜材，腐蚀轻微的变电站宜选用钢材。

采用无腐蚀性或腐蚀性小的土壤回填接地体，接地引下线采用特殊防腐措施，包括在接地体周围尤其在拐弯处加适当的石灰提高pH值，或在其周围包上碳素粉加热后形成复合钢体。

另外在接地引下线地下近地面10～20cm处最容易被锈蚀，可在此段套一段绝缘（如塑料等）以防腐蚀。

 思考题

1. 避雷器的作用是什么？
2. 避雷器分为哪几类？
3. 简述保护间隙避雷器的工作原理。
4. 简述阀型避雷器的工作原理。
5. 简述氧化锌避雷器的工作原理。
6. 简述避雷针的工作原理。

7. 简述避雷针的结构组成。

8. 避雷针的保护范围如何计算？

9. 简述避雷线的作用。

10. 简述避雷线的保护范围？

11. 变电站接地的目的是什么？

12. 良好接地系统应具备哪些条件？

13. 接地网主要存在的问题有哪些？

第七章

电　动　机

本章学习要点：初步掌握异步电动机、直流电机、同步电动机的基本原理、主要结构，掌握电动机日常运行和维护内容。

第一节　电动机工作原理及主要类型

一、电动机基本原理

电动机是将电能转换为机械能的电气设备。电动机利用通电线圈（定子绕组）产生旋转磁场并作用于转子形成磁电动力扭矩，使电动机转动。

我们常用交流异步电动机是当电动机的三相定子绕组（各相差 120°电角度），通入三相对称交流电后，将产生一个旋转磁场，该旋转磁场切割转子绕组，从而在转子绕组中产生感应电流（转子绕组是闭合通路），载流的转子导体在定子旋转磁场作用下将产生电磁力，从而在电动机转轴上形成电磁转矩，驱动电动机旋转，并且电动机旋转方向与旋转磁场方向相同。电动机主要利用电磁感应定理和电磁力定律由电生磁，磁生力而转动。

二、电动机基本分类

（一）电动机常见分类

（1）按照工作电源种类的不同划分，如图 7-1 所示。

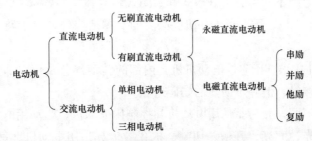

图 7-1　电动机按工作电源分类示意图

（2）按照启动和运行方式不同划分，如图 7-2 所示。

（3）按照电动机转子结构不同划分，如图 7-3 所示。

（4）按照运转速度的不同划分，如图 7-4 所示。

（5）按照结构和工作原理不同划分，如图 7-5 所示。

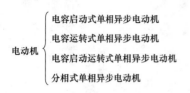

图 7-2　电动机按启动方式分类示意图

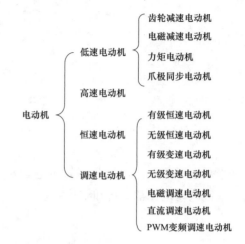

图 7-4　电动机按运转速度分类示意图

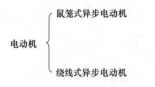

图 7-3　电动机按转子结构分类示意图

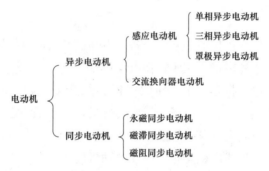

图 7-5　电动机按结构和工作原理分类示意图

（二）其他分类

（1）按照通风冷却方式不同，电动机可分为自冷式、自闪冷式、他扇冷式、管道通风式、液体冷却、闭路循环气体冷却、表面冷却和内部冷却。

（2）按照防护等级不同可分为开启式和封闭式。

1）开启式：如 IP11、IP22，电动机除必要的支撑结构外，对于转动及带电部分没有专门的保护。

2）封闭式：如 IP44、IP54，电动机机壳内部的转动部分及带电部分有必要的机械保护，以防止意外的接触，但并不明显的妨碍通风。

（3）按照用途不同，分为驱动用电动机和控制用电动机。驱动用电动机又分为电动工具（包括钻孔、抛光、磨光、开槽、切割、扩孔等工具）用电动机、家电（包括洗衣机、电风扇、电冰箱、空调器、录音机、录像机、影碟机、吸尘器、照相机、电吹风、电动剃须刀等）用电动机及其他通用小型机械设备（包括各种小型机床、小型机械、医疗器械、电子仪器等）用电动机。控制用电动机又分为步进电动机和伺服电动机等。

（4）按照电压等级不同，可分为高压电动机和低压电动机，常用电压等级为 0.38kV、6kV、10kV。

（5）按照安装方式不同，分为立式电动机和卧式电动机，在电动机上，B 表示卧式安装，V 表示立式安装。

电动机分类有很多，现阶段最常用的分类方式是将电动机分为直流电动机和交流异步电动机，交流异步电动机转子有绕线式、单鼠笼式、双鼠笼式和深槽四种。后两种用在转矩高的电动机，绕线式电动机用于起重设备驱动。直流电动机用于事故停电后交流电动机不能启动时，启动直流电动机，直流电动机的电源来源于蓄电池。

第二节　异 步 电 动 机

一、异步电动机基本原理

通过定子产生的旋转磁场（其转速为同步转速 n_1）与转子绕组的相对运动，转子绕组切割磁感线产生感应电动势，从而使转子绕组中产生感应电流。转子绕组中的感应电流与磁场作用，产生电磁转矩，使转子旋转。由于当转子转速逐渐接近同步转速时，感应电流逐渐减小，所产生的电磁转矩也相应减小，当异步电动机工作在电动机状态时，转子转速小于同步转速。为了描述转子转速 n 与同步转速 n_1 之间的差别，引入转差率。

二、异步电动机基本结构

异步电动机主要由精致的定子和旋转的转子两部分组成。在定子、转子之间存在一定的气隙。异步电动机按照转子结构不同分为鼠笼式异步电动机和绕线式异步电动机，如图 7-6 和图 7-7 所示。

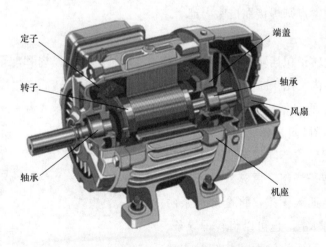

图 7-6　鼠笼式异步电动机结构示意图

（一）定子

异步电动机的定子由定子铁芯、定子绕组和机壳（包括机座、端盖等）组成。机座和端盖通常由铸铁铸造，小型的有用铝合金压铸成型，大型的可用钢板焊接。机座用作支撑电动机各部分部件，端盖用作支撑转子和保护定子绕组端部。

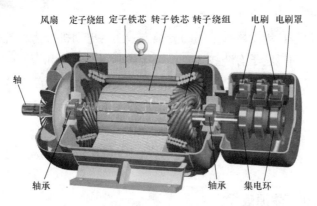

风扇　定子绕组　定子铁芯　转子铁芯　转子绕组　电刷　电刷罩

轴

轴承　　　　　　　　　　　　轴承　集电环

图 7-7　绕线式异步电动机结构示意图

图 7-8　定子铁芯示意图

定子铁芯是用 0.5mm 厚的硅钢片冲压成片，再经过叠装压紧制成，如图 7-8 所示。每片硅钢片间涂绝缘漆以减少铁芯损耗。

定子绕组一般采用高强度漆包线或玻璃丝带缠绕扁铜线压制成一定角度嵌入在定子铁芯开口槽或半开口槽内，槽内采用聚酯薄膜或青壳纸作为绝缘材料，槽口处采用短距槽楔压紧绕组线圈。三相异步电动机定子绕组多采用双层转矩叠绕组，对于大中型异步电动机的定子绕组通常采用星形连接，只有三条引出线连接到机座外接线盒内部接线柱上，中性点则焊接在机座内部。

（二）转子

异步电动机的转子包括转子铁芯、转子绕组、转轴、转子风扇和配重等。转子由轴承支撑在端盖轴承室内，用于减少转子在定子旋转磁场作用下旋转而产生摩擦。

转子铁芯与定子铁芯基本相同，只是槽开口方向不同，如图 7-9 所示。

转子绕组按照形式不同可分为鼠笼式转子绕组和绕线式转子绕组。鼠笼式转子绕组是在转子铁芯槽内插入铜条，将全部铜条两端焊接在两个铜端环上。也可以将转子导条、端环和内风扇一次用铝浇注而成。绕线式转子绕组相数和极数应与定子绕组相同，各相绕组尾端接成中性点，首端分别接到集电环

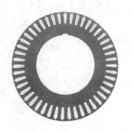

图 7-9　转子铁芯示意图

上。集电环上放置电刷，经电刷接到起动装置上。

转子风扇起到电动机内部定转子绕组和铁芯的冷却作用。

转子配重作用是保证转子在旋转过程中保持动态稳定，使电动机振动值符合要求。

（三）气隙

异步电动机的气隙即定转子间隙，与异步电动机的容量有关。气隙的大小对异步电动机的运行性能有很大影响。气隙越大则磁阻越大，要想产生同样大小的旋转磁场就需要较大的励磁电流。励磁电流是无功电流，会使电动机的功率因数降低。气隙越小，则定转子间相互感应作用越好，降低电动机空载电流提高功率因数。但是气隙过小将引起装配困难，导致运行不可靠。

（四）额定值和铭牌数据

异步电动机的额定值在机座铭牌上标出，主要额定数据有：

（1）额定功率 P_e——电动机额定运行时轴上输出功率，单位为 W。

（2）额定电压 U_e——额定运行加在定子绕组上线电压，单位为 V。

（3）额定电流 I_e——对应额定电压，轴上输出额定功率时，电源供给异步电动机定子绕组线电流，单位为 A。

（4）额定功率因数 $\cos\varphi$——电动机额定电压、额定功率下工作，定子绕组每相中相电压与相电流的功率因数。对于异步电动机其额定功率计算公式为 $P_e=\sqrt{3}U_eI_e\cos\varphi$。

三、异步电动机启动方式

（一）软启动

随着微型计算机控制技术的迅猛发展，在相关的控制工程领域中先后研制成功了一批电子式软启动控制器，广泛应用在电动机的启动过程，降压启动器随之被替代。当前电子式的软启动设施都使用晶闸管调压电路，其电路构成如下所描述：晶闸管六只，两两并联后串联至三相电源上，待系统发送启动信号后，微机控制启动器系统立即进行数据计算，令晶闸管输送触发信号，使晶闸管的导通角得到控制，根据给定的输出，调节输出电压，实现电动机的控制。该启动方式适合各种功率值的三相交流异步电动机，包括六根和三根连接方式的启动控制。

（二）直接启动

此种启动方式是最基础、最简单的电动机启动方式，首先借助用刀开关使电动机与电网进行连接，此时在额定电压下电动机启动并运行起来，该方式特点为：投资少，设备简单、数量少，虽然启动时间短，但启动时的转矩较小，电流较大，比较适合应用在容量小的电动机启动。

（三）降压启动

由于直接启动存在较大的缺点，降压启动随之产生。这种启动方式适用的启动环境为空载和轻载这两种情况，由于降压启动方式是在同时实现了限制启动转矩和启动电流的，因此启动工作结束后需要使工作的电路恢复到额定状态。

四、异步电动机制动方式

三相感应电动机电气制动方式分为能耗制动、反接制动、再生制动三种。

（一）能耗制动

能耗制动时切断电动机的三相交流电源，将直流电送入定子绕组。在切断交流电源的瞬间，由于惯性作用，电动机仍按原来方向转动，这种方式的特点是制动平稳，但需直流电源、大功率电动机，所需直流设备成本大，低速时制动力小。

（二）反接制动

反接制动又分负载反接制动和电源反接制动两种。

（1）负载反接制动。又称负载倒拉反接制动。此转矩使重物以稳定的速度缓慢下降。这种制动的特点是：电源不用反接，不需要专用的制动设备，而且还可以调节制动速度，但只适用于绕线型电动机，其转子电路需串入大电阻，使转差率大于1。

（2）电源反接制动。当电动机需制动时，只要任意对调两相电源线，使旋转磁场相反就能很快制动。当电动机转速等于零时，立即切断电源。这种制动的特点是：停车快，制动力较强，无需制动设备。但制动时由于电流大，冲击力也大，易使电动机过热，或损伤传动部分的零部件。

（三）再生制动

再生制动又称回馈制动，在重物的作用下（当起重机电动机下放重物），电动机的转速高于旋转磁场的同步转速。这时转子导体产生感应电流，在旋转磁场的作用下产生反旋转方向转矩，但电动机转速高，需用变速装置减速。

第三节 直流电动机

直流电动机的主要功能是实现直流电能与机械能之间的转换，直流电动机具有调速性能好的突出优点，故仍有一定的使用场合，发电厂主要用于一些重要的直流事故油泵。

一、直流电动机工作原理

直流电动机是将直流电能转换为机械能的设备，当直流电源通过电刷向电枢绕组供电时，电枢表面的 N 极下导体可以流过相同方向的电流，根据左手定则导体将受到逆时针方向的力矩作用；电枢表面 S 极下部分导体也流过相同方向的电流，同样根据左手定则导体也将受到逆时针方向的力矩作用。这样，整个电枢绕组即转子将按逆时针旋转，输入的直流电能就转换成转子轴上输出的机械能。

二、直流电动机的主要结构

直流电动机由定子和转子组成，定子包括机座、主磁极、换向极、电刷装置等；转子（电枢）包括电枢铁芯、电枢绕组、换向器、转轴和风扇等，如图 7-10 所示。

（一）定子

机座：通常由铸钢或厚钢板焊成，用来固定主磁极、换向极和端盖等，起机械支承的作用，且作为电动机磁路的一部分。

主磁极：由主极铁芯和套装在铁芯上的励磁绕组构成。且在主极靴上专门冲出一些均匀分布的槽，槽内嵌放补偿绕组。直流电动机的磁通是由励磁绕组产生的，因此，在理想状态下，主磁极下的气隙磁通应该是均匀的，但是，当电枢通入电流后也会产生磁通，会对电动机的主磁通产生影响，它会沿电枢旋转方向上产生磁通减弱的现象，这样不利于电动机的运行性能，因此在大电机或特种设备上加装了补偿绕组，用来抵消电枢反应带来的磁通畸变现象。

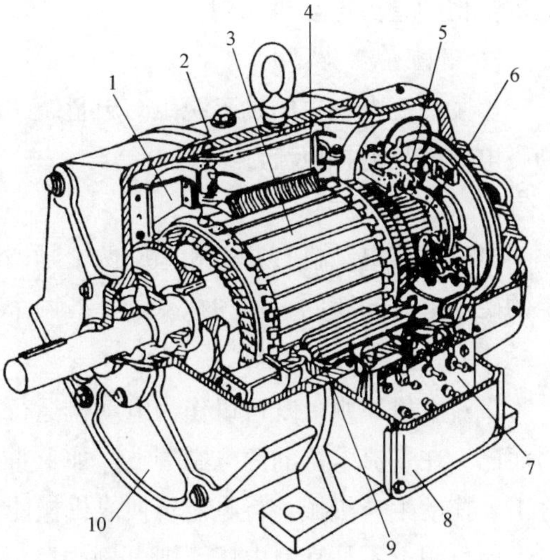

图 7-10　直流电动机结构图
1—风扇；2—机座；3—电枢；4—主磁极；
5—刷架；6—换向器；7—接线盒；
8—出线盒；9—换向极；10—端盖

励磁绕组与电枢绕组并联或串联，前者称并励绕组，常由匝数较多、截面积较小的圆形铜线组成；后者由匝数少、截面积较大的矩形扁铜线组成，称为串励绕组。励磁绕组连接时应使相邻主磁极呈不同极性，即使ＮＳ极交替排列。

机座：通常由铸钢或厚钢板焊成，用来固定主磁极、换向极和端盖等，起机械支承的作用，且作为电动机磁路的一部分。

换向极：改善换向，由铁芯和绕组组成。

电刷装置：电枢电路的引出装置，由电刷、刷盒、刷杆和连线等组成。

（二）转子

直流电动机转子部分由电枢铁芯、电枢绕组、换向器、转轴等装置组成，下面对构造中的各部件进行详细介绍。

电枢铁芯：其作用一是作为电动机主磁路的主要部分，二是嵌放电枢绕组。为了减少电枢旋转时电枢铁芯中因磁通变化而引起的磁滞及涡流损耗，电枢铁芯通常用 0.5mm 厚的两面涂有绝缘漆的硅钢片叠压而成。

电枢绕组：电枢绕组是由许多按一定规律连接的线圈组成，它是直流电动机的主要电路部分，是通过电流和感应产生电动势以实现机电能量转换的关键部件。

换向器：是将电刷上所通过的直流电流转换为绕组内的交变电流，在直流发电机中，它将绕组内的交变电动势转换为电刷端上的直流电动势。

（三）励磁方式

直流电动机的励磁方式是指对励磁绕组如何供电、产生励磁磁通势而建立主磁场的问题。根据励磁方式的不同，直流电动机可分为下列几种类型：

1. 他励直流电动机

励磁绕组与电枢绕组无连接关系，而由其他直流电源对励磁绕组供电的直流电动机称为他励直流电动机。

2. 并励直流电动机

并励直流电动机的励磁绕组与电枢绕组并联，励磁绕组与电枢共用同一电源，从性能上讲与他励直流电动机相同。

3．串励直流电动机

串励直流电动机的励磁绕组与电枢绕组串联后，再接于直流电源，这种直流电动机的励磁电流就是电枢电流。

4．复励直流电动机

复励直流电动机有并励和串励两个励磁绕组，若串励绕组产生的磁通势与并励绕组产生的磁通势方向相同，称为积复励。若两个磁通势方向相反，则称为直流电动机差复励。

（四）直流电机特点

直流电机原则上既可以作为电动机运行，也可以作为发电机远行，只是约束的条件不同而已。在直流电机的两电刷端上，加上直流电压，将电能输入电枢，机械能从电机轴上输出，拖动生产机械，将电能转换成机械能而成为电动机；如用原动机拖动直流电机的电枢，而电刷上不加直流电压，则电刷端可以引出直流电动势作为直流电源，可输出电能，电机将机械能转换成电能而成为发电机。

直流发电机的电势波形较好，对电磁干扰的影响小；直流电动机的调速范围宽广，调速特性平滑；直流电动机过载能力较强，启动和制动转矩较大；易于控制，可靠性较高。缺点是换向器的制造复杂，价格较高。

第四节　同　步　电　动　机

一、同步电动机基本功能

同步电机的基本特点是无论它作为发电机运行还是电动机运行，其转子转速与定子绕组所产生的旋转磁场的转速是一样的，即 $n = n_s$。同步转速是基波旋转磁场的转速，它取决于交流电源的频率和电机的极对数，即 $n_s = 60f/p$。我国电网的标准频率为 50Hz。同步电机的转速就与电机极对数 p 成反比，极对数必然是整数，所以同步电机的转速一定固定为某几数值，如 $p = 1$，则 $n = 3000 \text{r/min}$；$p = 2$，$n = 1500 \text{r/min}$，依次类推。

二、同步电动机基本结构

同步电动机的转速与定子建立磁场的转速相同，因此称之为同步电动机。同步电动机由定子和转子两大部分组成。

（一）定子

同步电动机的定子和异步电动机的定子结构基本相同，包括导磁的铁芯、导电的三相对称分布绕组和机座。详见异步电动机定子结构。

（二）转子

同步电动机的转子与异步电动机转子区别在于同步电动机转子铁芯上通以直流电流励磁绕组。转子铁芯有两种结构：①有明显的磁极称为凸极式同步电动机；②无明显的磁极称为隐极式同步电动机。

凸极式同步电动机的定转子气隙不均匀，转子铁芯"粗而短"，适用于转速低于 1500r/min 的电动机。隐极式同步电动机的定转子气隙均匀，转子铁芯"细而长"，适用于转速高于 1500r/min 的电动机。

同步电动机的转子直流励磁电流可以由一台同轴直流发电机供给，也可以用晶闸管整流电源供给。电源的正负极通过转子上集电环引入转子绕组。

三、同步电动机工作原理

同步电动机工作时，定子的三相绕组中通入三相对称交流电流，转子的励磁绕组通入直流电流。

在定子三相对称绕组中通入三相交变电流时，将在气隙中产生旋转磁场。在转子励磁绕组中通入直流电流时，将产生极性恒定的静止磁场。若转子磁场的磁极对数与定子磁场的磁极对数相等，转子磁场因受定子磁场磁拉力作用而随定子旋转，磁场同步旋转，即转子以等同于旋转磁场的速度、方向旋转，这就是同步电动机的基本工作原理。

四、同步电机运行方式

同步电机的主要运行方式有三种，即作为发电机、电动机和补偿机运行。作为发电机运行是同步电机最主要的运行方式，作为电动机运行是同步电机的另一种重要的运行方式。同步电动机的功率因数可以调节，在不要求调速的场合，应用大型同步电动机可以提高运行效率。近年来，小型同步电动机在变频调速系统中开始得到较多应用。同步电机还可以接于电网作为同步补偿机。这时电机不带任何机械负载，靠调节转子中的励磁电流向电网发出所需的感性或者容性无功功率，以达到改善电网功率因数或者调节电网电压的目的。

第五节　电动机日常检查维护

电动机是能量转化的重要设备，是电气或各种机械的动力源，在企业安全生产中有不可替代的作用。电动机的日常检查维护显得尤为重要，电动机日常检查维护分为电动机启动前应进行的检查内容、电动机启动后和运行中应进行的检查内容。电动机日常检查维护方法分为看、听、摸、测几方面。

一、电动机启动前应进行的检查内容

（1）检查电动机铭牌所示电压、频率与使用电源是否一致，接线是否正确，电源容量与电动机容量是否合适。同一台电动机铭牌上标示有两种接法，丫形或△形接法，丫形接法应接在 220V 电源上，△形接法应接在 380V 电源上，不同的接法电动机功率也不同。

（2）使用电源线、电缆规格是否合适，电动机引出线与线路连接是否牢靠，接线有无错误。电动机的电源线必须使用规格合适的电缆，电缆太粗，浪费材料，增加投资费用。电缆太细，电缆的电阻增大，造成电缆发热，电动机的电压降低，电动机不能正常运行，

效率降低，电缆长时间运行易发生接地、短路或开路现象。

（3）开关、接触器的容量合格，动静触头接触良好。开关、接触器使用的容量大于额定容量，浪费材料，增加生产费用。开关、接触器使用的容量小于额定容量，会造成开关、接触器发热，触点粘死，最后使开关、接触器烧损，电动机跳闸或损坏。

（4）用手盘车应均匀、平稳、灵活，无明显的转轴偏心现象。电动机出现卡涩现象，首先对电动机的小油盖松开，再重新均匀紧固。若电动机效果不明显，需对电动机解体检查，电动机的轴承是否损坏或轴承油脂质是否合格，电动机是否扫膛。

（5）检查电动机外壳应良好无裂纹，转动部分防护罩应完好，接地牢靠、地脚螺栓、端盖螺栓无松动现象。

（6）检查电动机内部无杂物，通风冷却系统应良好无堵塞。

（7）检查电动机转向标志是否正确，相序标记是否正确。

（8）检查电动机绝缘电阻和直流电阻是否符合要求。

二、电动机启动后和运行中应进行的检查内容

（1）电动机启动后三相电源电压之差不得大于5％，在三相电源平衡时，三相电流任一相与三相平均值偏差不超过10％。

（2）电动机旋转方向有无错误、转速有无明显低于额定转速现象。

（3）电动机声音和振动有无异常和超标情况。

（4）电动机有无过载情况，检查有无异味。

（5）电动机各部位发热情况。主要包括电动机定子绕组和铁芯温度、轴承温度。

（6）定期对电动机轴承进行加油、换油。

三、电动机日常检查方法

电动机由定子架、绕组及绝缘材料、转子、两端轴承及端盖等组成，比较简单。电动机故障的原因有：电源断相、电压或频率不对；绕组短路、断路、接地；轴承运转不良；内、外部脏，散热不好（外部涂油漆太厚也是散热不好的原因），或自带冷却风扇损坏，通风不畅；长期高负荷运行；环境温度高，等等。船舶电动机的损坏，90％以上都是管理人员日常检查不仔细，维护保养不足造成的，只要坚持认真看、听、摸、测、做，绝大多数故障都可以预防和避免。

1. 看

每天巡查时，不但电机员，值班轮机员和加油也都看电动机工作、电流的大小和变化，看周围有没有漏水、滴水，会引起电动机绝缘低击穿而烧坏。还要看电动机外围是否有影响其通风散热环境的物件，看风扇端盖、扇叶和电动机外部是否过脏需要清洁，要确保其冷却散热效果。无论谁发现问题，都应及时处理。

2. 听

认真细听电动机的运行声音是否异常，因运行时机房噪声较大，可借助于螺丝刀或听棒等辅助工具，贴近电动机两端听。如果经常听，不但能发现电动机及其拖动设备的不良

振动,连内部轴承油的多少都能判断,从而及时进行添加轴承油,或更换新轴承等相应的措施处理,避免电动机轴承缺油干磨而堵转、走外圆、扫膛烧坏。

多数厂家考虑到大型电动机解体更换轴承的困难,会采用开式轴承,用油枪加油时需注意使用专用轴承油(-35～+140℃)。

3. 摸

用手背探摸电动机周围的温度。在轴承状况较好情况下,一般两端的温度都会低于中间绕组段的温度。如果两端轴承处温度较高,应结合所测的轴承声音情况检查轴承。如果电动机总体温度偏高,应结合工作电流检查电动机的负载、装备和通风等情况进行相应处理。根据电动机所用绝缘材料的绝缘等级,可以确定电动机运行时绕组绝缘能长期使用的极限温度,或者说电动机的允许温升(电动机的实际温度减去环境温度)。各国绝缘等级标准有所差异,但基本分为 Y、A、E、B、F、H、C 这几个等级,其中 Y 级的允许温升最低(45℃),而 C 级的允许温升最高(135℃以上)。从轴承油和其他材料方面考虑,用温度表贴近电动机测量的温度最好控制在 85℃以下。

4. 测

在电动机停止运行时,要常用绝缘表测量其各相对地或相间电阻,发现不良时用烘潮灯烘烤以提高绝缘,避免因绝缘太低(推荐值＞1MΩ)击穿绕组烧坏电动机。设有烘潮电加热的电动机除非特殊情况,不要随意关掉加热开关。在潮湿天气和冬季时要特别注意电动机的防水、防潮和烘干。对露天及潮湿场所的电动机要特别注意水密,对怀疑严重受潮或溅过水的电动机,使用前更应认真检查。有条件的应缝制帆布罩加以防护,可相对保证电动机绝缘,但高温天气或长时间连续使用时需将帆布罩取下,以防散热受阻导致电动机过热烧毁。如果发现电动机被浸泡,只要将电动机解体后抽出转子,用 60～70℃热淡水反复冲洗,并用压缩空气吹干后,再用烤灯从电动机定子内两端烘烤,直至电动机绝缘升至正常。

5. 做

不但要对检查中发现的问题及时采取补救措施,还要按维护周期对电动机进行螺栓、接线紧固,拆解检查、清洁维护等。有些设备故障是因为虽已发现问题,但没及时做维护保养补救所致。无论是不看不做,还是只看不做,最终都会造成故障或事故。

拆检电动机时如需更换轴承,要尽可能用进口的,国内的会有不少是翻新的旧轴承,质量难以保证。如发现轴承外圆与端盖轴承座配合不紧密,即轴承走外圆时,要根据其程度不同,视情采用端盖轴承座内圈打麻点、垫铜皮或镶铜套消除。一定要定准中心点,否则不久又会损坏。投入运行前,要再次确认轴伸出端径向摆动与端盖等紧固情况,转子转动是否灵活,绕组引线连接是否正确等。

还有许多电动机,当与其连接使用的泵浦漏水时,通常都有轮机员去加压(填料函)灭漏,有经验的轮机员在加、换盘根时,都会用先手盘转一下,看转动情况,平衡上紧压盖螺栓,再短时启、停两三次,看看工作电流等是否正常;而没有经验的新轮机员,只知道上紧灭漏,不注意与之相关的电动机,结果导致电动机因堵转启动电流太大,热过载保护来不及动作而击穿绕组烧坏。另外,在对由电动机驱动的机械设备(泵浦、油泵等)维修保养、检修装复时，也应认真查验和校正电动机与被驱动机械的轴心线，确保对中良好，用手转动联轴器时应轻便、灵活。只有切实、认真、细致地做好每一步，才能提高设备的完好率。

第六节　电动机常见故障及原因

三相异步电动机，在运行中的故障属绕组烧坏的电气故障约为 85％，机构及其他故障约为 15％，绕组烧坏的原因多为缺相运行或过载运行、绕组接地及绕组相间或匝间短路。其次是定子、转子摩擦、断条等机械方面的原因。

一、缺相运行

（1）故障现象：电动机不能启动，即使空载能启动，转速慢慢上升，有嗡嗡声；电动机冒烟发热，并伴有烧焦味。

（2）检查结果：拆下电动机端盖，可看到绕组端部有 1/3 或 2/3 的极相绕组或烧焦，或变成深棕色。

（3）故障原因及处理方法：

1）电动机供电回路熔丝回路接触不良或受机械损伤，致使某相熔丝熔断。

2）电动机供电回路三相熔丝规格不同，容量小的熔丝烧断。应根据电动机功率大小，更换为规格相同的熔丝。

3）电动机供电回路中的开关（隔离开关、胶盖开关等）及接触器的触头接触不良（烧伤或松脱）。修复并调整动、静触头，使之接触良好。

4）线路某相缺相，查出断线处，并连接牢固。

5）电动机绕组连线间虚焊，导致接触不良；认真检查电动机绕组连接线并焊牢。

二、过载运行

（1）故障现象：电动机电流超过额定值；电动机温升超过额定温升。

（2）检查结果：电动机三相绕组全部烧毁；轴承无润滑脂或砂架损坏；定子、转子铁芯相摩擦，俗称扫膛。

（3）故障原因及处理方法：

1）负载过重时，要考虑适当减载或更换容量合适的电动机。

2）电源电压过高或过低，需加装三相电源稳压补偿柜。

3）电动机长期严重受潮或有腐蚀性气体侵蚀，绝缘电阻下降。应根据具体情况，进行大修或更换同容量、同规格的封闭电动机。

4）轴承缺油、干磨或转子机械不同心，导致电动机转子扫膛，使电动机电流超过额定值。首先应认真检查轴承磨损情况，若不合格需更换新轴承；其次，清洗轴承并注入适量润滑脂。然后检查电动机端盖，若端盖中心孔因磨损致使转子不同心，应对端盖进行处理或更换。

5）机构传动部分发生故障，致使电动机过载而烧坏电动机绕组。检查机械部分存在的故障，采取措施处理解决，使之转动灵活。

三、绕组接地

（1）故障现象：电动机空载无法启动；电动机供电回路熔丝熔断或开关跳闸。

（2）检查结果：定子槽口绕组和铁芯有烧伤痕迹，并有铜熔点；槽内绕组与铁芯击穿；绕组引出线外皮绝缘损坏。

（3）故障原因及处理方法：

1）电动机在修复时，塞入竹楔不注意，使槽口绕组绝缘破坏；竹楔年久老化，绝缘不良。应按电动机下线工艺挑选优质竹楔，并做好绝缘处理。下线时注意不要使竹楔划伤导线。

2）对于长期受潮或在腐蚀性气体中工作的电动机，应更换为封闭型电动机。

3）开启式电动机因金属或金属切屑进入电动机内使绕组绝缘破坏。对此，应在电动机周围加设防护网或防护板。

4）转子平衡块松动或脱落，刮破电动机绕组绝缘。应将平衡块重新调整好方位并固定住，并处理好绕组破损处。

5）对于无避雷器或避雷器失效的，应加设避雷器或重新校验避雷器。

四、绕组相间短路

（1）故障现象；电动机无法启动；电动机供电回路熔丝熔断或开关跳闸；电动机绕组冒烟，有烧焦味。

（2）检查结果；相间短路部位的多股导线烧断，其周围有铜熔点。

（3）故障原因及处理方法：

1）对于下线时导线表面绝缘划伤或绕组端部绝缘不好的电动机，应将烧伤的导线挑开，清理后焊好，并包好绝缘压平，下入槽后刷上绝缘漆并烘干。若无法修复时，应按原数据重绕。

2）绕组间连线及引用线的套管必须与电动机绕组的绝缘等级相适应，连线的绝缘套管应比焊点长 15～25mm。

五、绕组匝间短路

（1）故障现象：电动机在运转中冒烟，局部温升过高，并有烧焦味。

（2）检查结果：电动机三相电流不平衡；几匝或一个线圈变成裸线。

（3）故障原因及处理方法：

1）烧坏几匝或一个线圈时，若槽满率不高，可进行穿绕修理。

2）绕线时导线表面绝缘划伤或绕组端部绝缘损坏的电动机，应将烧伤的导线挑开，清理后焊好，并包好绝缘并压平，下入槽后刷上绝缘漆并烘干，若无法修复时，应按原数据重绕。

3）绕组间连线及引用线的套管必须与电动机绕组的绝缘等级相适应，连线的绝缘套管应比焊点长 15～25mm。

总结：及时发现并迅速排除电气设备故障，能够预防事故的发生，确保生产顺利进行。对此，必须按照规定定期检查和维护电气设备，准确判断和处理电气设备的运行故障，减少设备事故损失，保证生产正常进行。

六、电动机振动

（1）故障现象：电动机振动值偏大，出现异常声音。

（2）故障原因及处理方法：

1）电动机安装基础不平：将电动机底座垫平，找水平后牢固。

2）电动机转子不平衡：将转子校静平衡和动平衡。

3）皮带轮或联轴器不平衡：进行皮带轮或联轴器校平衡。

4）转轴轴头弯曲：校直转轴。

5）电动机风扇不平衡：对风扇校静平衡。

 思考题

1. 电动机主要分为哪几类？

2. 交流电动机的工作原理是什么？

3. 简述异步电动机的基本结构。

4. 简述异步电动机定子、转子的组成及作用。

5. 异步电动机定子、转子绕组分为哪几类？

6. 异步电动机的启动方式有哪几种？

7. 异步电动机的制动方式有哪几种？

8. 简述直流电动机的工作原理及主要结构。

9. 直流电动机的励磁方式有哪些？

10. 同步电动机与异步电动机的区别在哪里？

11. 同步电动机的运行方式有哪几种？

12. 电动机启动前应检查的内容有哪些？

13. 电动机运行中应检查的内容有哪些？

14. 电动机日常检查方法有哪些？

15. 电动机常见故障有哪些？

第八章
高压变频器、高频电源设备

第一节 高 压 变 频 器

一、高压变频器的工作原理

高压变频器是一种串联叠加性高压变频器，即采用多台单相三电平逆变器串联连接，输出可变频变压的高压交流电。按照电机学的基本原理，电机的转速满足如下的关系式：$n=(1-s)60f/p=n_0\times(1-s)$（$p$：电机极对数；$f$：电机运行频率；$s$：滑差）从式中看出，电机的同步转速 n。正比于电机的运行频率（$n_0=60fp$），由于滑差 s 一般情况下比较小（$0\sim0.05$），电机的实际转速 n 约等于电机的同步转速 n_0。所以调节了电机的供电频率 f，就能改变电机的实际转速。电机的滑差 s 和负载有关，负载越大则滑差增加，所以电机的实际转速还会随负载的增加而略有下降。

二、高压变频器的主要部件

（一）总体结构

变频器从物理结构上分为控制柜、功率单元柜（也称逆变柜）、变压器柜三大部分，根据现场工艺要求还可选配旁路柜、上位机、远控盒，典型结构如图 8-1 和图 8-2 所示。

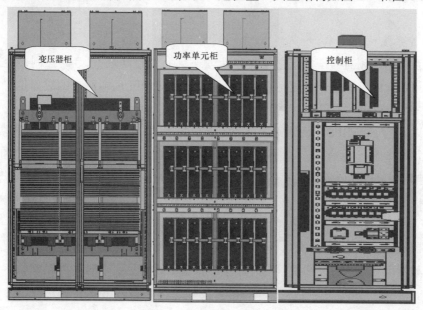

图 8-1 变频器总体布置示意图

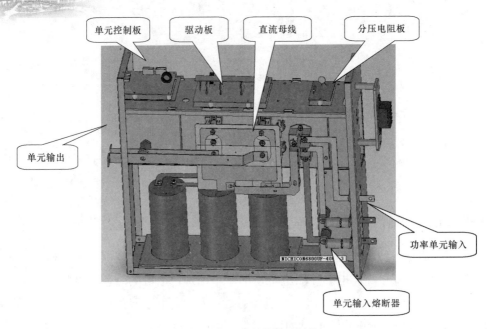

图 8-2　高压变频器物理结构

对于不同的用户，随购买变频器时间不同及容量大小以及出厂日期不同，变频器的外观和结构会有所区别，这些区别主要体现在柜体外部风格（颜色，滤网形式），整体尺寸大小，风机个数及通风形式，人机界面形式及安装位置，但变频器的物理结构不会发生根本变化。

（二）控制柜部分

变频控制柜主要由主控（CPU）、PLC、UPS、人机界面、控制电源开关、开关电源、继电器、避雷器、信号隔离器、接线端子，柜门操作按钮等部分构成，控制柜主要构成部分介绍如下。

1. 主控系统

主控系统为变频器的核心，它接收和处理来自上位控制及 PLC 的控制命令，产生每相各级功率单元的控制信号，同时采集和处理所有故障单元反馈回来的故障信息。新风光 JD-BP37/38 系列变频器采用高性能的主控系统如图 8-3 所示，控制器采用 32 位 DSP，运行速度可以达到 150MIPS，足够完成一些较复杂的控制算法。同时其有 6 路独立的 PWM 输出、2 个异步串行通信口、16 通道 12 位 AD 输入，内置了 36K 的 RAM 和 256K 的 Flash 存储器，可以存放较大规模的程序。线路板采用大规模集成电路和表面焊接技术，系统具有极高的可靠性。

2. 内置 PLC

变频器通过内置 PLC 实现内部开关信号以及现场操作信号和状态信号的逻辑处理，增强了变频器现场应用的灵活性。对开关量的数量不能满足要求时，可以用数字量扩展模 EM223 块来实现，如图 8-4 所示。PLC 作为一种技术成熟的工业控制元件，为变频器的现场应用提供灵活的接口和可靠性保证。

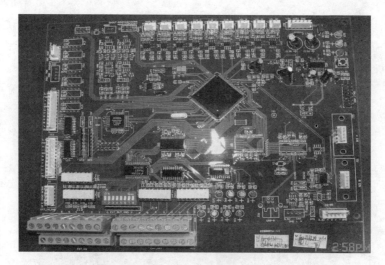

图 8-3　主控系统

图 8-4　变频器通过内置 PLC 示意图

CPU226 为处理单元，PORT1 口与人机界面通信，I/O 点的输入点为接收内部开关量和外部开关量的处理，输出点为控制内部继电器、接触器的输出以及接到外部 DCS 的变频器状态指示。

正常情况下 CPU226 的 RUN 指示灯应该处于发光状态，拨码开关应处于 RUN 位置。根据具体用户的要求不同，变频器内置的 PLC 组件可能会有所区别。为适应特殊用户需要，个别产品可能具有 EM232、EM235、EM227 或具有更多的 EM232 扩展模块。

3. 不间断电源 UPS

UPS 不间断电源，如图 8-5 所示，安装在控制柜的底部，属于纯在线式，当外部提供的控制电源 AC220V 正常时，UPS 提供给控制系统稳定的 220V 电源，当外部电源掉电时，利用设计的电源冗余系统，相应的控制电继电器动作，转到变压器的二次绕组 220V 继续提供控制电源，UPS 不间断工作，提供稳定的电源。只有当控制电和高压电同时掉了之后，UPS 利用自身的电池可继续给系统供电 30min。控制电掉电，变频器会立即给出报警信号，用户应尽快恢复控制电源。

变频器停机断电时，扳下控制柜内的断路器，同时关闭 UPS 的关机按钮，否则 UPS 将因过度放电而损坏。

图 8-5　不间断电源 UPS

4. 控制电延时电阻

为防止控制电上电瞬间对功率激励电容的冲击，专门设计了一个延时上电电阻，由 PLC 输出继电器控制，控制电上电 3s 后再给功率激励供电。延时上电电阻如图 8-6 所示。

（三）功率单元柜

功率单元柜主要用于安装功率单元，实现单元的串联叠加三相输出，如图 8-7 所示。

图 8-6　延时上电电阻

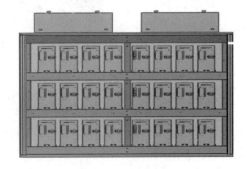

图 8-7　功率单元柜

1. 功率单元

根据功率大小不同结构也会有所不同，（IGBT 和电解电容的个数会不同），都是通过单元导轨，放置在单元柜中，用螺栓固定。变频器功率小的可实现功率柜整体运输，减少了拆装单元的麻烦。每个功率单元通过三相输入端子与变压器对应的二次绕组连接，通过输出端子与相邻单元的输出用铜排连接，实现单元的串联，通过光纤与控制系统连接，实现光电隔离，提高抗干扰性能。每个功率单元结构上完全一致，可以互换，为基本的交—直—交单相逆变电路，整流侧为六支二极管实现三相全波整流，通过对 IGBT 逆变桥进行正弦 PWM 控制，可得到幅值相同脉宽不同的 SPWM 波，每个功率单元完全一样，可以互换，这不但调试、维修方便，而且备份也十分方便，假如某一单元发生故障，该单元的输出端能自动通过软件控制 IGBT 的两个上桥导通实现旁路使整机可以降额工作，而不影响运行。

功率单元的组成有：输入端子、熔断器、整流部分、滤波稳压部分、逆变部分、散热器部分以及线路板控制部分、温度继电器、输出端子等，如图 8-8 所示。

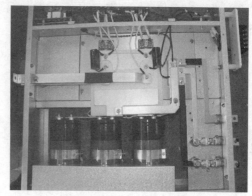

图 8-8　功率单元

注意：高压电送到变频器后，不允许再打开功率柜门，防止触电事故，柜门打开变频器会给出报警，应立即关闭。

变频器投入运行一段时间后，需要对变频器进行维护，例如输入输出端子的紧固，过滤网过滤棉的清洁，以免发生不必要的故障。

2. 冷却风机

功率柜顶部按照变频器容量的不同，配置不同个数及型号的风机，由移相变压器二次检测绕组 380V 或 220V 供电，通过断路器由 PLC 控制功率柜风机的启动，当变频器启动频率运行时，风机启动。变频器风机配风罩，一面出风，适合在现场加装风道，同时室内应留有进风口，从而形成散热风道，并进行灰尘过滤。需定期维护，清洁过滤网和过滤棉。

（四）变压器柜

变压器柜主要由移相变压器、温控仪、冷却风机等部件构成，如图 8-9 所示。

冷却风机

变频器

冷却风机

图 8-9　变压器柜结构

移相变压器底部有两组 230V 和 400V 的检测绕组，230V 的绕组用于功率柜风机的电源和温控仪的电源和掉电检测，400V 电源用于给功率柜和变压器柜风机提供电源，并配置相应控制风机的控制开关。变压器顶部风机分两种情况后运行：一是高压电送电后即刻运行，二是和功率柜底部风机一起受变频器的开机频率控制，起频率后风机运行；变压器底部风机受温控仪控制，如果变压器二次绕组的温度超过预设值，自动启动风机运行，低于预设温度会自动停止；如果高压变压器超温跳闸的预设值，则变频器会给出联跳高压电保护，说明变压器温度过高无法继续运行。

根据变压器容量的不同，选择风机的个数也会有所不同，底部配置的风机电压等级和功率也会不同，变压器厂家会有说明。

（五）旁路柜

旁路柜的作用是在变频器维护过程中或变频器出现故障退出运行时，将电机投入到工频电网运行，保证生产不受影响。根据用户要求主回路形式有所不同，有一拖一手动、一拖一自动、一拖二手动、一拖二自动、一拖三自动等，进出线有一入一出、一入二出、二入二出、三入二出、四入三出等进出线方式。这里仅以最常见的一拖一手动的旁路柜来说明，如图 8-10 所示。

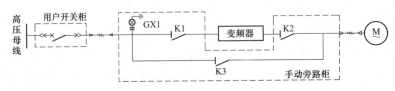

图 8-10　一拖一手动主回路旁路柜

一拖一手动旁路柜主要配置：如图 8-10 所示，三个高压隔离开关 K1、K2、K3，当 K1、K2 闭合，K3 断开时，变频就绪后电动机可变频运行；当 K1、K2 断开，K3 闭合时，电动机可工频运行。高压电送电后，隔离开关操作手柄被锁死，不能操作，K2、K3 实现机械互锁，K1、K3 实现电气互锁。

第二节　高压变频器日常运行及维护

一、初次投运期间检查注意事项

（1）设备投运前变频器室建筑工程应具备的条件

1）屋顶、楼板施工完毕，不得渗漏。

2）结束室内地面工作，室内地沟无积水。

3）门窗安装完毕。

4）所有装饰工作完毕，清扫干净。

5）空调或通风装置应安装完毕，投入运行。

6）投运一周左右应该有计划地安排停机，对设备各连接部位的紧固螺钉重新紧固，满足接触可靠的要求。

（2）绝缘子等高压设备清灰后，方可投入运行，如图 8-11 所示。

图 8-11　变频器高压绝缘子示意图

（3）设备投运前应根据图样仔细检查以下电源连接件。

1）旁路柜、变压器柜高压连接。

2）功率单元柜全部电源输入/输出连接。

3）输入、输出连接。

4）接地线属于必须检查的重要部位，不得遗忘。

5）根据现场实际情况，建议每三个月对所有螺栓进行一次检查，看是否发生松动或变色，若松动则应重新紧固，变色则需要更换，变频器电气连接部位如图 8-12 所示。

图 8-12　变频器电气连接部位示意图

二、日常运行维护

为了保证变频器长期稳定的运行，日常维护异常重要。用户应根据现场的实际情况，结合变频器的特点制定各自的日常维护规程，通常应遵循以下原则。

（一）环境监测

（1）变频器室的照明正常。

（2）变频器室通风良好，周围空气中不得有过量的尘埃、酸、盐、腐蚀性及爆炸性气体。

（3）变频器室尘污染限制：<100μm，0.3mg/m³。

（4）变频器室气体污染限制：抗电性氯化物和硫化物<4×10⁻⁹（十亿分之四）。

（5）变频器室的环境温度为 0～40℃。

（6）变频器室的空气中不得有凝露，空气湿度小于 90%。

（二）冷却系统的运行

检查冷却系统的运行，将一张标准厚度的 A4 打印纸放在柜门的过滤网上，纸张应吸附在气窗上，如图 8-13 所示。建议过滤网一个星期清扫一次，如果环境灰尘较多，清扫间隔还应缩短。清扫办法如图 8-14 所示。

图 8-13　进风检测方法

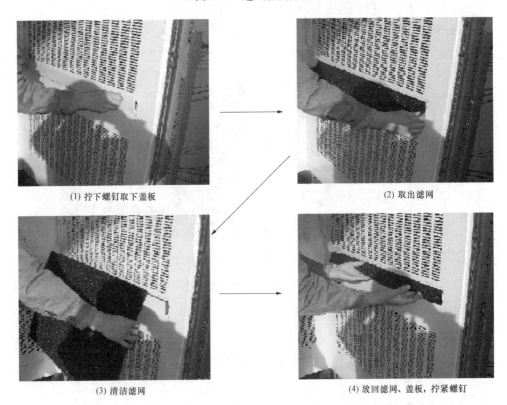

(1) 拧下螺钉取下盖板　　　　(2) 取出滤网

(3) 清洁滤网　　　　(4) 放回滤网、盖板，拧紧螺钉

图 8-14　滤网更换解析图

（三）季检

（1）季检全部内容，详情见表 8-1。

表 8-1

变频器例行检查维护一览表

检查位置	检查项目	检查事项	周期 日常	周期 定期 季度	周期 定期 1 年	周期 定期 2 年	检查方法	判定基准	使用仪器
全部	周围环境	周围温度、湿度、尘埃等	○				观察	周围温度 -10~40℃，不冻结；周围湿度 90% 以下，无结露现象；空气中有无灰尘	温度计、湿度计
	全部装置	是否有异常振动	○				观察和听觉	没有异常	
	主电源电压	主回路电压是否正常	○				观察变频器界面显示的输入电压	额定电压 ±10%	
	控制电源电压	控制电源电压是否正常	○				测量变频器端子控制电源接线点	AC220×(1±10%)V	
	人机界面	界面显示信息是否异常	○				观察	界面显示的各项数据应该在正常范围内	
	滤网	检查滤网是否堵塞		○			观察	用一张 A4 大小的纸检查变压器柜、功率柜进风口风量，A4 大小的纸应能被滤网牢牢吸住	
	全部	(1) 绝缘电阻表检查（变压器）绝缘情况 (2) 紧固部分是否松脱 (3) 各零件是否有过热的迹象 (4) 清扫		○	○	○	(1) 变压器线圈对地绝缘电阻值，应处于正常范围内 (2) 加强紧固件 (3) 观察	(1) 大于 100MΩ (2) 和 (3) 没有异常	DC 2500V 级绝缘电阻表
主回路	连接导体、导线	(1) 导体是否倾斜 (2) 导线外层是否破损		○			观察	没有异常	
	端子排	是否损伤		○			观察	没有异常	
	滤波电容器	(1) 是否泄漏液体 (2) 是否膨胀 (3) 测量静电容				○	(1) 和 (2) 观察 (3) 用容量测定器测量	(1) (2) 没有异常 (3) 额定容量的 85% 以上	容量计

续表

检查位置	检查项目	检查事项	日常	定期 季度	定期 1年	定期 2年	检查方法	判定基准	使用仪器
主回路	继电器	(1)动作时是否有"啪、啵"声音 (2)触点是否粗糙、断裂	○				(1)用耳听 (2)观察	没有异常	
控制回路保护回路	动作检查	(1)变频器运行时，各相间输出电压是否均衡 (2)变频器与上级高压开关的连锁是否正常，显示、保护回路是否正常		○	○		(1)测量变频器输出端子U、V、W相间电压 (2)将变频器上级高压开关打到模拟运行位置，进行试验	(1)测量控制柜端子上的测点，相间电压误差应在10V以内 (2)变频器"合闸允许"信号给出后，高压开关才能够合闸；高压给出后，"联跳高压开关"信号给出后，高压开关要立即分断	万用表
冷却系统	冷却风机	(1)是否有异常振动、异音 声音 (2)连接部件是否有松脱现象	○	○			(1)在不通电时用手拨动旋转 (2)加强固定	(1)平滑地旋转 (2)没有异常	
冷却系统	全部	(1)是否有异常振动、异音 声音 (2)是否有异味	○ ○				(1)听觉、身体感觉，利用观察 (2)由于过热、损伤产生的异味	没有异常	
电动机	绝缘电阻	用绝缘电阻表检查（全部端子与接地端子间）				○	拆下U、V、W的接线，包括电动机接线在内	应在5MΩ以上	DC 2500V级 绝缘电阻表

（2）检查所有电气连接的紧固性。

（3）用带塑料吸嘴的吸尘器彻底清洁柜内外，保证设备无尘，保证散热。

（4）用修补漆修补生锈或外露的地方。

（四）定期更换部件

为使变频器保持在最佳运行状态，延长使用寿命，需要定期更换（维修）性能老化的部件。变频器装置使用的部件中，建议定期更换的部件及更换周期见表 8-2。

表 8-2　　　　　　　　　　　　　　　定期更换推荐部件

名　　　称		推荐更换周期	备　　　注
冷却风扇		4 年	
过滤网		1 个月	1 个月清洗一次，2 年彻底更换
功率单元内部电解电容器		7 年	
熔丝	控制回路	3 年	
	功率单元内	3 年	
UPS		3～5 年	更换电池

三、常见故障处理

（一）常见故障诊断

发生故障时，为了防止故障的再次发生，需要找出故障原因，清除故障。发生的故障的状况有可能：①致命的故障，有必要更换部件；②依照故障重新操作可以恢复，为了找出原因，需要用仪器进行检查；③原因明确，对故障复位即可恢复。故障不同，处理的方法也各不相同，具体的操作步骤概要如图 8-15 所示。

（二）轻故障的分类

变频器轻故障即不影响系统连续运行。变频器轻故障后，变频器只提供故障声光报警，用户可通过变频器就地控制柜触摸屏故障记录查找故障。

轻故障发生时，变频器发生间歇的声光报警并有故障记录，在报警状态下，用户发出"故障复位"指令，变频器解除声光报警。系统运行时如果发生这类故障，变频器并不立即停机。在停机状态下，如果存在这类故障，用户也还能进行启动等操作，但是轻故障发生后，我们必须采取相应的措施，避免故障的扩大化，最终导致停机，比如变压器过热故障发生后，变频器首先提供声光报警，不停机，如果我们不排除故障，继续运行，当变压器温度达到 130℃ 后变频器就会将该故障当重故障处理。

变频器的轻故障包括：

（1）DCS 模拟信号给定断线。

（2）控制电源掉电。

（3）变压器轻度过热 120℃（温度可设）。

（4）运行中柜门打开等。

（三）重故障的分类

变频器重故障为不可恢复性故障，重故障发生后，变频器立即停止输出，同时发出分

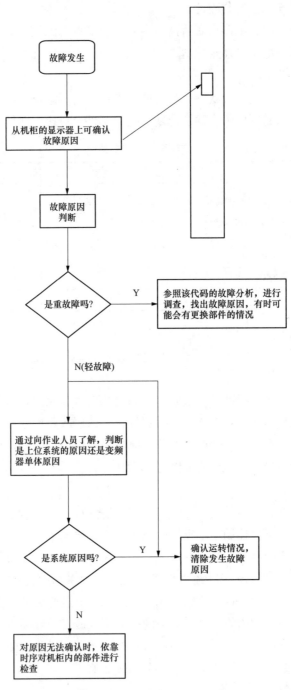

图 8-15　常见故障处理流程图

断输入高压开关指令，电动机自由停机。

重故障发生后，变频器提供声光报警，同时控制系统会自动保存故障记录，用户可以用"复位信号"复位声光报警。

为了保证事故不再扩大化，重故障发生后，必须找到故障原因，彻底排除故障后方可重新启动变频器。

变频器的重故障包括：

（1）系统过流。

（2）电动机 120％过载 60s。

（3）高压掉电。

（4）单元故障。

（5）变压器温度过高。

（6）电动机 150％过流。

（四）常见故障的处理

变频器具有高度的智能化水平和完善的故障检测电路，并能对所有故障提供精确的定位，在人机界面上做出明确的指示。用户可以根据人机界面显示的故障信息，分别采取相应的措施，见表 8-3。

表 8-3　　　　　　　　　　　　　常见故障的处理

故障类型	故　障　原　因	处　理　方　法
某单元短路保护	相应单元短路	检查单元或更换单元
加速运行中过电流	（1）加速时间过短； （2）V/F 曲线不适合； （3）瞬停发生时，对旋转中的电动机实施再启动	（1）延长加速时间； （2）检查并调整 V/F 曲线，调整转矩提升量； （3）电动机停稳再启动
减速运行中过电流	减速时间太短	延长减速时间
恒速运行中过电流	（1）负载发生突变； （2）负载异常	（1）减小负载的突变； （2）进行负载检查
变频器加速中过电压	（1）输入电压异常； （2）瞬停发生时，对旋转中电动机实施再启动	（1）请检查输入电源； （2）电动机停稳再启动
变频器减速运行过电压	（1）减速时间短（相对于再生能量）； （2）能耗制动组件选择不合适； （3）输入电压异常	（1）延长减速时间； （2）重新选择制动组件； （3）检查输入电压
变频器恒速运行过电压	（1）输入电压发生了异常变动； （2）负载由于惯性产生再生能量	（1）安装输入电抗器； （2）考虑能耗制动组件
IGBT 故障	（1）输出三相有相间短路或接地短路； （2）风道堵塞或风扇损坏； （3）IGBT 桥臂直通	（1）重新配线； （2）疏通风道或更换风扇； （3）更换故障单元； （4）联系厂家
单元过热	（1）风扇损坏。 （2）风道阻塞。 （3）IGBT 或 IPM 异常。 （4）风机反转；	（1）更换风扇； （2）清理风道； （3）更换故障单元； （4）任意交换风机的两相电源； （5）联系厂家

故障类型	故 障 原 因	处 理 方 法
变频器过载	(1) 进行急加速； (2) 直流制动量过大； (3) V/F 曲线不合适； (4) 瞬停发生时，对还在旋转中的电动机进行了启动。 (5) 负载过大。 (6) 电网电压过低	(1) 请延长加速时间； (2) 适当减小直流制动电压、增加制动时间； (3) 调整 V/F 曲线； (4) 电动机停稳后再启动； (5) 选择额定值较大的变频器； (6) 检查电网电压
电动机过载	(1) V/F 曲线不合适； (2) 电动机堵转或负载突变过大； (3) 通用电动机长期低速大负载运行； (4) 电网电压过低	(1) 调整 V/F 曲线； (2) 检查负载； (3) 长期低速运行，可选择专用电动机； (4) 检查电网电压
接触器未吸合	(1) 接触器损坏； (2) 控制回路损坏； (3) 电网电压过低	(1) 更换主电路接触器或寻求服务； (2) 联系厂家； (3) 检查电网电压
控制电源故障	(1) 现场 AC220V 控制电源断电； (2) 控制电源开关的小断路器 QF1 没有闭合或损坏； (3) 控制电源检测继电器 ZJ0 损坏	(1) 检查现场 AC 220V 控制电源情况； (2) 检查小断路器 QF1 或 ZJ0 的状态
模拟信号断线	频率给定信号中断	检查模拟信号线是否正常
门开关故障	门未关闭或门开关损坏	(1) 关好柜门； (2) 更换门开关
输出侧缺相	U、V、W 缺相输出	(1) 检查输出配线； (2) 检查电动机及电缆
输入侧缺相	输入 R、S、T 有缺相	检查输入电压
电流检测电路故障	(1) 霍尔电流传感器损坏； (2) 辅助电源损坏； (3) 放大电路异常	(1) 联系厂家； (2) 联系厂家； (3) 联系厂家

第三节 高频电源的工作原理及主要部件

一、工作原理

高频电源是将三相交流电整流形成直流电，通过逆变电路形成高频交流电，再经过高频整流变压器升压整流，形成高频脉动电流送除尘器，其工作频率一般在 20～50kHz，如图 8-16 所示。高频电源主要增加电除尘器内烟尘的有效荷电量，提高电能利用率，达到提高电除尘效率，大幅减少供电电能的效果。

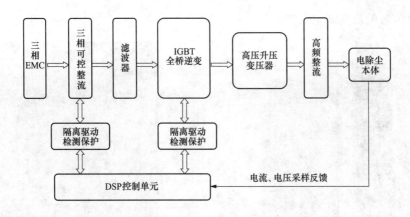

图 8-16 高频电源原理示意图

二、主要部件

高频电源主要部件包括主机外壳、低压配电、晶闸管、全桥逆变、高频高压变压器、控制电路、散热系统，如图 8-17 所示。

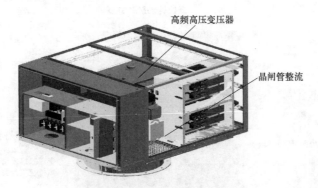

图 8-17 高频电源内部结构图

散热系统采用局部发热元件单独冷却及箱体整体冷却的方式。保证每个元器件都在规定的温度范围内工作，确保元器件的使用寿命和整机的寿命。变压器使用单独油冷方式，内部温度通过变压器油传导至油箱进行与外界的热量交换，IGBT 等功率元件使用强制风冷，经过风道后，通过机顶冷却风机使冷热风形成对流，交换后使整个密闭空间的温度控制不大于 55℃。

（一）高频电源主机外壳

高频电源主机外壳包含电源底座，电源底座前后防尘板，电源底座导风槽，底座下方装 2 块可拆卸的防尘网，底座上方围有三块面板。电源侧边面板安装有电气柜柜体。后面装有一扇活动门。顶部装有防尘盖。高频电源主机外壳外形如图 8-18 所示。

（二）高频电源电气柜

高频电源电气柜位于高频电源侧面，如图 8-19 和图 8-20 所示。电气柜除了为高频电源供三相电外，还给集成在高频电源内部的风机、振打、加热诸单元供电，它的设计便于设备运行故障时的启动断电保护。

图 8-18　高频电源主机外壳外形

图 8-19　高频电源电气柜示意图

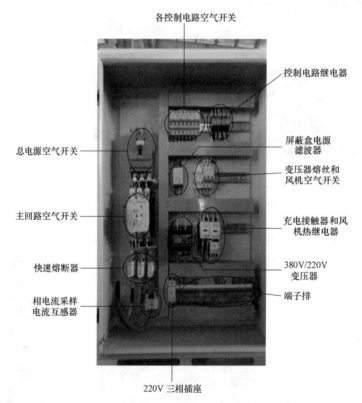

图 8-20　高频电源电气柜内各器件分布图

（三）高频电源三相滤波器

　　高频电源三相滤波器位于高频电源底座上。滤波器输入来自高频电源电气柜三相动力电缆，输出至高频电源三相整流桥。三相滤波器如图 8-21 所示。

图 8-21　高频电源三相滤波器示意图

（四）高频电源整流、逆变

高频电源的三相整流桥、全桥逆变器位于高频电源变压器的正前方。从三相滤波器输出的 380V 三相交流电进入三相整流桥整流后输入母排进行全桥逆变，逆变电路由全桥串联谐振逆变器组成，将整流滤波电路产生 530V 左右的直流电逆变成 20kHz 左右的高频交流电送高频高压变压器。母排输出的高频交流电输入变压器进行升压。高频电源三相整流桥及全桥逆变如图 8-22 所示。

图 8-22　高频电源三相整流桥及全桥逆变示意图

（五）高频电源变压器

高频变压器箱体放至于高频电源底座上。大功率高频高压变压器采用油浸式设计，是高频电源的核心部件，其作用是将逆变电路产生的高频交流电升压整流后形成高频高压脉动直流送至电除尘器。高频电源变压器箱体及箱内部件如图 8-23 和图 8-24 所示。

（六）高频电源喇叭口及高压绝缘子

高频电源喇叭口与高压绝缘子位于高频电源的后方，高压绝缘子作为高频电源的高压脉动直流输出端，给电场供电。高频电源喇叭口和高压绝缘子如图 8-25 所示。

（七）高频电源散热系统

散热风机位于高频电压器的正下方。散热风道分别置于变压器的两侧边和前边。散热风机和散热通道组成的散热系统采用强迫风冷方式给高频变压器和大功率逆变元件散热。确保变压器和大功率逆变元件工作在正常温度范围之内。

图 8-23　高频电源变压器箱体

图 8-24　高频电源变压器箱内部件示意图

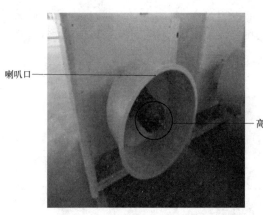

图 8-25　高频电源喇叭口和高压绝缘子

（八）高频电源屏蔽盒

高频电源屏蔽盒固定在高频电源外壳的前门内侧。屏蔽盒内装有高频电源的控制电路。控制电路包括电源电路、信号调理电路、DSP 控制电路、驱动电路。

电源电路、信号调理电路、DSP 控制电路安装正面门板内侧，并通过屏蔽盒对现场干扰信号进行屏蔽。信号调理板包含模拟量调理电路和开关量隔离电路两大部分。模拟量调理回路有一次电流、一次电压、二次电流、二次电压、油温等。开关量部分隔离电路包括 11 路中间继电器输出控制（实现对充电接触器、主接触器、冷却风机接触器的控制）和状态量信号采集，及驱动板 PWM 信号和故障信号。驱动板直接固定在 IGBT 上，用于驱动 IGBT 的导通和关断，二次电流电压采集板安装于高压变压器顶部，直接与瓷柱连接。屏蔽盒和控制电路板如图 8-26 所示。

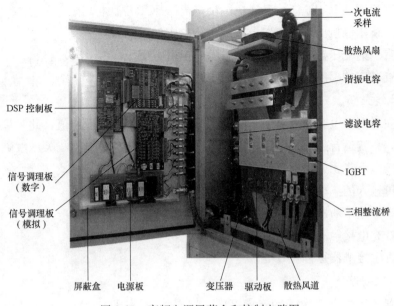

图 8-26 高频电源屏蔽盒和控制电路图

第四节 高频电源的日常运行及维护

一、设备工作环境

高频电源可以经受常见的自然环境如热、冷、日晒、风和雨。长时间的高温工作将降低高频电源的使用寿命。不建议将高频电源安装在无风区或强烈日照的环境下。

下面简述高频电源工作环境要求，环境温度必须为在通风口的测量值。

最高环境温度：40℃，最大输出功率。

最高温度：50℃，输出电流减少50％。

最低温度：－40℃（最低启动温度－25℃）。

日晒：护罩保护所有方位的日晒。

空气质量：

标准空气过滤网：过滤网能过滤100％的大于10μm微粒；过滤网能过滤60％的大于1μm微粒；无腐蚀气体。

高度：0～1000m，高于1000m部分每上升100m输出降低1％。

倾斜：高频电源工作时倾斜不能超过2％。

本体：按照 EN/IEC 60596 标准为 IP55 等级。

二、常见故障处理

（一）变压器油温、IGBT 温度保护

当检测到变压器油温超过设定的变压器油温高限（T_{1max}）时，报变压器超温故障同时

129

跳闸停机。当检测到 IGBT 任一温度超过设定高限 IGBT 温度高限（T_{2max}）时，报 IGBT 超温故障同时跳闸停机。当出现以上故障时，须按如下步骤处理：

（1）检查当前变压器油温和 IGBT 温度是否高于 T_{1max}、T_{2max} 设定值。

（2）检查对应的温度探头及采集电路是否正常。

（二）母线欠压

当系统在对高频电容充电一定时间后，母线电压仍未达到设定值，此时母线欠压故障报警。此外，系统运行过程中母线电压低于设定值，系统也会报母线欠压故障。当出现此故障时，须按以下步骤处理：

（1）测量输入的三相电压，检查是否有缺相。

（2）检查快速熔断器是否已经熔断，三相整流桥是否损坏。

（3）检查充电接触器 KMOB 是否能有效吸合。

（4）检查主接触器是否有效吸合。

（三）二次短路

当检测到二次电流值大于额定值 20%，二次电压小于 10kV，连续时间大于 100ms 时，则系统判断为负载短路，检查步骤如下：

（1）检查灰斗是否堵灰。

（2）检查电场是否存在短路。

（四）二次开路

当检测到二次电压大于额定电压 90%，二次电流小于额定值 5%，且连续时间大于 100ms 时，判断为二次开路。

（五）二次过电流

当二次电流均值超过额定电流 1.1 倍时，连续时间超过 0.5s 时，判断为二次过电流。

（六）IGBT 故障

当 IGBT 开关管不能正常工作或发生母线间短路时，产生 IGBT 故障。故障一旦确认，立即停机跳闸。

（七）变压器偏励磁

根据 IGBT 的开关时序，计算一次电流、二次电流的相邻半波的积分值，当波动范围超过 30% 时，判断为变压器偏励磁。当发生偏励磁故障时，电源跳闸停机，需要检测变压器及高压整流桥是否正常。

（八）一次电流积分、二次电流积分超限

系统正常工作时，变换电路工作在谐振状态下，每个谐振波的能量变化不大，故一次电流积分值，二次电流积分值的变化小。当积分值超过高、低限范围时，立即停机处理，同时保持停机前的采集值，供进一步分析使用。

 思考题

1. 高压变频器的工作原理是什么？

2. 高压变频器的主要组成部件有哪些？

3. 高压变频器内部 UPS 的作用是什么？

4. 简述高压变频器内部功率单元的组成及各元件作用。

5. 高压变频器冷却风机分为哪几类，作用各是什么？

6. 高压变频器初次投运期间应检查的项目有哪些？

7. 高压变频器日常运行维护的要求有哪些？

8. 高压变频器冷却系统检查的方法及标准是什么？

9. 高压变频器轻故障分为哪几类？

10. 高压变频器重故障分为哪几类？

11. 高频电源设备的工作原理是什么？

12. 简述高频电源设备的主要结构。

13. 高频电源如何散热？

14. 高频电源设备在工作环境方面如何要求？

15. 高频电源设备常见故障有哪些？

第九章

低 压 电 气 设 备

本章主要介绍低压断路器、低压接触器、热继电器三种低压电气设备。

第一节 低 压 断 路 器

低压断路器俗称自动空气开关，是低压配电网中的主要开关电器之一，它不仅可以接通和分断正常负载电流、电动机工作电流和过载电流，而且可以接通和分断短路电流。主要在不频繁操作的低压配电线路或开关柜中作为电源开关使用，并对线路、电气设备及电动机等起保护作用，当它们发生严重过电流、过载、短路、断相、漏电等故障时，能自动切断线路，起到保护作用。

一、低压断路器的主要结构及工作原理

低压断路器的形式、种类虽然很多，但结构和工作原理基本相同，主要由触点系统、灭弧系统；各种脱扣器部分，包括电磁式过电流脱扣器、失压（欠压）脱扣器、热脱扣器和分励脱扣器，操作机构和自由脱扣机构几部分。

低压断路器的结构原理图如图 9-1 所示。

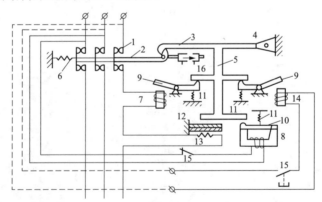

图 9-1　低压断路器的结构原理图

1—主触点；2—锁键；3—搭钩（代表自由脱扣机构）；4—转轴；5—杠杆；6—复位弹簧；

7—过电流脱扣器；8——次电压脱扣器；9、10—衔铁；11—弹簧；12—双金属片（与 13 共同构成热脱扣器）；

13—热元件；14—分励脱扣器；15—按钮；16—电磁铁

低压断路器主触点 1 串联在三相主电路中。主触点可由操动机构手动或电动合闸（由电磁铁 16 实现电动合闸），当开关操作手柄合闸后，主触点 1 由锁键 2 保持在合闸状态。

锁键 2 由搭钩 3 支持着，搭钩 3 可以绕轴 4 转动。如果搭钩 3 被杠杆 5 顶开，则主触点 1 就被复位弹簧 6 拉开，电路断开。

过电流脱扣器 7 的线圈和热脱扣器的热元件 13 与主电路串联。当电路发生短路或严重过载时，过电流脱扣器线圈所产生的吸力增加，将衔铁 9 吸合，并撞击杠杆 5，使搭钩 3 动作，从而带动主触点 1 断开主电路。当电路过载时，热脱扣器的热元件 13 发热使双金属片 12 向上弯曲推动搭钩 3 动作。当低压断路器由于过载而断开后，一般应等待 2～3min 才能重新合闸，以使热脱扣器恢复原位，这也是低压断路器不能连续频繁地进行通断操作的原因之一。过电流脱扣器和热脱扣器互相配合，热脱扣器担负主电路的过载保护功能，过电流脱扣器担负短路和严重过载故障保护功能。

欠电压脱扣器 8 的线圈和电源并联。当电路欠电压时，欠电压脱扣器的衔铁释放，也使自由脱扣机构动作，断开主电路。

分励脱扣器 14 是用于远距离控制，实现远方控制断路器切断电源。在正常工作时，其线圈是断电的，当需要远距离控制时，按下启动按钮 15，使线圈通电，分励脱扣器 14 的衔铁会推动杠杆 5 带动搭钩 3 动作，使主触点 1 断开。

低压断路器配置了某些脱扣器或附件后，可以扩展功能。如可配备欠压脱扣器、分励脱扣器、过电流脱扣器等，附件如辅助触点、旋转操作手柄、闭锁和释放电磁铁和电动操作机构等。辅助触点用于断路器的控制和信号传送。电动操动机构用于对断路器进行远距离操作分、合闸。

一般低压断路器都应有短路锁定功能，用来防止因短路故障而动作了的低压断路器在短路故障未排除时发生再合闸。短路条件下，脱扣器动作分断低压断路器，锁定机构也动作使低压断路器的机构保持在分断位置，在未将低压断路器手柄扳到分断位置使操动机构复位以前，低压断路器拒绝复位合闸。

二、低压断路器的分类

低压断路器种类很多，可按结构形式、灭弧介质、用途、主电路极数、保护脱扣器种类、操作方式、是否具有限流性能、安装方式等来分类。

（1）按结构形式分，有万能式（又称框架式）、塑料外壳式、小型模数式。

（2）按灭弧介质分，有空气低压断路器和真空低压断路器等。

（3）按用途分，有配电用低压断路器、电动机保护用低压断路器、照明用低压断路器和漏电保护低压断路器等。

（4）按主电路极数分，有单极、两极、三极、四极低压断路器。小型低压断路器还可以拼装组合成多极低压断路器。

（5）按保护脱扣器种类分，有短路瞬时脱扣器、短路短延时脱扣器、过载长延时反时限保护脱扣器、欠电压瞬时脱扣器、欠电压延时脱扣器、漏电保护脱扣器等。脱扣器是低压断路器的一个组成部分，根据不同的用途，低压断路器可配备不同的脱扣器。

（6）按操作方式分，有手动操作、电动操作和储能操作。

（7）按是否具有限流性能分，有一般型不限流和快速限流型低压断路器。

（8）按安装方式分，有固定式、插入式与抽屉式等。

三、低压断路器的基本参数

低压断路器的基本参数有如下八项：

（1）额定电压：是指低压断路器主触头的额定电压，是保证主触头长期正常工作的电压值。（主触头不致烧坏）

（2）额定电流：是指低压断路器主触头的额定电流，是保证主触头长期正常工作的电流值。

（3）脱扣电流：是使过电流脱扣器动作的电流设定值，当电路短路或负载严重超载，负载电流大于脱扣电流时，低压断路器主触头分断。

（4）过载保护电流、时间曲线：为反时限特性曲线，过载电流越大，热脱扣器动作的时间就越短。

（5）欠电压脱扣器线圈的额定电压：一定要等于线路额定电压。

（6）分励脱扣器线圈的额定电压：一定要等于控制电源电压。

（7）低压断路器的分断能力指标有两种：额定极限短路分断能力 I_{cu} 和额定运行短路分断能力 I_{cs}。额定极限短路分断能力 I_{cu}，是低压断路器分断能力极限参数，分断几次短路故障后，低压断路器分断能力将有所下降。额定运行短路分断能力 I_{cs}，是低压断路器的一种分断指标，即分断几次短路故障后，还能保证其正常工作。$I_{cu}>I_{cs}$；对塑壳式低压断路器而言，I_{cs} 只要大于 $25\%I_{cu}$ 就算合格，目前市场上低压断路器的 I_{cs} 大多数在 $(50\%\sim75\%)I_{cu}$ 之间。

（8）低压断路器脱扣特性分为 A、B、C、D、K 等几种，各自的含义如下：

1）A 型脱扣特性：脱扣电流为 $(2\sim3)I_n$，适用于保护半导体电子线路，带小功率电源变压器的测量线路，或线路长且短路电流小的系统。

2）B 型脱扣特性：脱扣电流为 $(3\sim5)I_n$，适用于住户配电系统，家用电器的保护和人身安全保护。

3）C 型脱扣特性：脱扣电流为 $(5\sim10)I_n$，适用于保护配电线路以及具有较高接通电流的照明线路和电动机回路。

4）D 型脱扣特性：脱扣电流为 $(10\sim20)I_n$，适用于保护具有很高冲击电流的设备，如变压器、电磁阀等。

5）K 型脱扣特性：具备 1.2 倍热脱扣动作电流和 8～14 倍磁脱扣动作范围，适用于保护电动机线路设备，有较高的抗冲击电流能力。

四、低压断路器的正常使用条件和安装条件

断路器的正常使用条件和安装条件如下：

（1）周围空气湿度的上限不超过 $+40℃$，下限不低于 $-5℃$，24h 的平均值不超过 $+35℃$。

（2）安装地点的海拔不超过 2000m。

（3）大气的相对湿度在周围空气温度为＋40℃时不超过50％，在较低的温度下，可以有较高的湿度，最湿月的平均最大相对湿度为90％，同时该月的平均最低温度为＋25℃，并考虑产品表面因湿度变化发生的凝露。

（4）无明显的颠簸、冲击和振动的地方。

（5）无介质爆炸危险，且介质中无足以腐蚀金属和破坏绝缘的气体和导电尘埃的地方。

（6）无雨雪侵袭的地方。

（7）污染等级：3。

（8）安装类别：Ⅲ（配电水平级）和Ⅵ（电源水平级）。

（9）安装条件：除特殊安装方式外，基本安装方式为垂直安装。

五、低压断路器日常运行及维护

低压断路器在平时使用的过程中，要注意维护，否则将会造成严重的安全隐患。其维护方法如下：

（1）在低压断路器运行过程中应在其转动部分常注入润滑油，缺乏润滑油的低压断路器在使用过程中很容易磨损和老化，长期使用下去，低压断路器内部结构将可能发生一定程度的开裂，会导致一些安全事故的发生，严重时会危及生命，也会缩短低压断路器的使用寿命。

（2）在投入使用前要将其工作面的磁铁的油脂去除，磁铁在低压断路器里面的作用主要是在灭弧的工作方面，而工作面的磁铁未去油脂的情况下，将对其压缩空气方面产生影响，从而影响后续的灭弧工作过程，容易降低其可靠性。

（3）在定期检查时应对其进行数次的不带电分合闸试验，检测工作性能，看其可靠性如何，此检测为低压断路器性能的重要检测指标之一，该指标在高压断路器占有很大的地位，在低压断路器检测时也不能忽视。

（4）定期查看各脱扣器的电流整定值以及延时的情况，电流整定值是由各用户或厂家根据其线路的用电情况来规定，每一个整定值都确保每个线路的安全，所以整定值在低压断路器的保护性能上发挥着非常大的作用，时常查看，可很大程度地保证线路的安全。与整定值相应的是延迟时间，延迟时间指的是电流达到或超过整定值时，经过一定的时间才断开，这时间就是延迟时间，延迟时间的存在确保了低压断路器不会误跳也不会频繁跳，这样会提高系统的稳定性，也让低压断路器的使用寿命大大增强，经常定期地检查延迟时间是低压断路器非常重要的维护工作。

（5）低压断路器在使用之前，要检查其是否安装牢固，螺栓是不是已经扭紧，电线的连接是不是已经完全接好，这些很基本的注意事项关系到低压断路器的安全和线路的安全。否则，在接通电源时将会引起电气火灾之类的事故发生，也有可能会引起低压断路器松动，使其安全性和使用性下降，所以要时刻注意。

（6）使用中的低压断路器要定期进行维护和清理，特别注意其是否有异味和特别的声音。使用时间过长会有外界的一些灰尘布满低压断路器，如果不进行清理，很容易发生一些小事故，从而影响低压断路器的安全性。加强维护检修是保证低压断路器安全的另一重要方法。低压断路器因为使用时间久，很容易老化，而老化的时候，容易产生因电流过大以致限时关断能力下降，使线路过热，熔化导线产生异味，另外，低压断路器某些方面发生小故障还会导致机械转动产生问题，发出一些异样的声音，所以在日常维护和清理的同时，要注意这些小细节，以减少和预防事故的发生。

（7）运行中的低压断路器在运行很长时间或者在刚刚断短路电流后，应及时清理灭弧室内壁和栅片上的金属颗粒。要检查灭弧室是否破损。在低压断路器灭弧时，会在灭弧室产生非常高的温度，这些温度会熔化表面的金属颗粒，这些熔化的金属颗粒，有可能在灭弧室内产生不规则的物体，从而影响甚至破坏灭弧室，所以应该及时清理这些金属颗粒。灭弧室的栅片若破损，会影响低压断路器的灭弧能力，导致整个低压断路器报废。

（8）在运行中的低压断路器还需要查看其导电或者引线部分是否过热，低压断路器这部分容易过热，而长期的过热会使其导电或者引线部分易生产熔断或破损之类的事故发生，对线路的安全会产生隐患，而长期的过热不仅对整个线路不好，对低压断路器的使用寿命也会大有影响，从安全的角度或者节约成本的角度讲，经常检查其导电和引线部分都是必不可少的。

（9）使用中的低压断路器触头外表面不应有毛刺和灼烧的痕迹，当触头减少到小于本来厚度的 1/3 时，应更换。一般低压断路器的触头分为主触头（主要用于分断和结合电流方面），副触头（主要用于保护主触头方面），还有弧触头（主要用于灭弧方面），而当触头表面有毛刺或者灼烧痕迹时，对于灭弧触头而言会影响其灭弧的功能，对于主触头而言，会使其分断和结合电流能力下降，对于副触头而言，保护主触头的能力下降。另外当触头减少为原厚度的 1/3 时，主触头的关断和结合电流能力可视为基本失去，而对于灭弧触头而言，其导向弧电流的能力，因为其长度不足，使其失去原有的灭弧能力，对于副触头和上述一样，不能有效保护主触头，会让低压断路器不能正常地进行工作。

第二节　低压接触器

低压断路器、主令电器等电器，都是依靠手控直接操作来实现触头接通或断开电路，属于非自动切换电器。在电力拖动中广泛应用一种自动切换电器——接触器来实现电路的自动控制。常用接触器如图 9-2 所示。

图 9-2　常用接触器

一、低压接触器原理结构

低压接触器实际上是一种自动电磁式开关。触头的通断不是由手来控制的，而是电动操作，如图 9-3 所示。

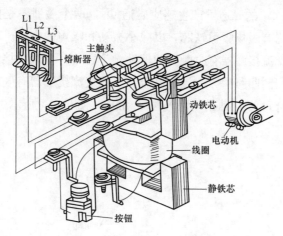

图 9-3　低压接触器的工作形式

如图 9-3 所示，L1、L2、L3 为三相电源线，电动机通过低压接触器主触头接入电源，接触器线圈与启动按钮串联后接入电源。按下启动按钮，线圈得电使静铁芯被磁化产生电磁吸力，吸引动铁芯带动主触头闭合接通电路；松开启动按钮，线圈失电，电磁力消失，动铁芯在反作用弹簧的作用下释放，带动主触头复位切断电路。

二、低压接触器的优点

低压接触器能实现远距离自动操作，具有欠压和失压自动释放保护功能，控制容量大，工作可靠，操作频率高，使用寿命长等优点。

三、低压接触器分类

低压接触器可分为交流接触器和直流接触器两种。

（一）交流接触器

1. 交流接触器的型号含义

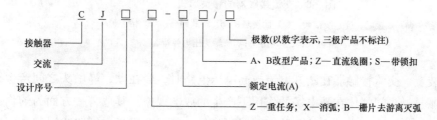

例：CJ10-20/3 表示设计序号为 10 的 3 级交流接触器，额定电流是 20A。CJ 是交流接触器的型号。KM 是交流接触器的文字符号。

2. 交流接触器的具体结构

交流接触器主要由电磁系统、触头系统、灭弧装置和辅助部件等组成。

（1）电磁系统。电磁系统由线圈、静铁芯和动铁芯三部分组成。铁芯上装有短路环（见图9-4），用以消除电磁系统的振动和噪声。短路环的工作原理是，硅钢片在电源下产生磁通 Φ_1，短路环在 Φ_1 的磁通下产生感应磁通 Φ_2，两个磁通不是同步出现，所以在交流电为0时，铁芯上仍有磁场吸引铁芯，以减小振动和噪声的作用。

（2）触头系统。交流接触器有主触头和辅助触头之分。主触头接通主电路，流过大电流。辅助触头使用在控制回路中，流过小电流。一般交流接触器有3对主触头（动合），2对辅助常开触头（动合），2对辅助动断触头（动断），如图9-5所示。

图 9-4　交流接触器的短路环

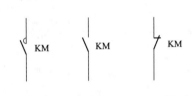

主触头　　辅助动合触头　辅助动断触头

图 9-5　交流接触器的触头系统

交流接触器的触头可以分为点接触式、线接触式、面接触式三种，按触头的结构形式可分为桥式触头和指形触头两种，如图9-6所示。

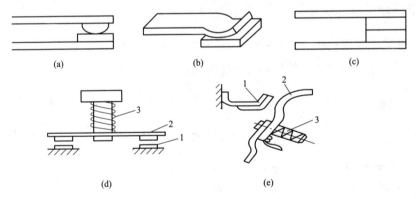

图 9-6　交流接触器的触头形式

（a）点接触；（b）线接触；（c）面接触；（d）桥式触头；（e）指形触头

1—静触头；2—动触头；3—触头压力弹簧

（3）灭弧装置。交流接触器在断开电流或高电压电路时，会在动、静触头之间产生很强的电弧。电弧是触头间气体在强电场的作用下产生的放电现象。其危害一方面为灼伤触头，减少触头的使用寿命；二是会使电路切断时间延长，甚至造成弧光短路或引起火灾事故，因此要灭弧。图9-7所示为常见的几种灭弧形式。

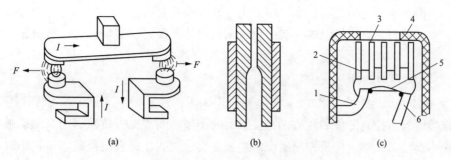

I 随箭头指示代表电流方向，F 代表电弧

图 9-7　常见的几种灭弧形式

(a) 双断口结构电动力灭弧装置；(b) 纵缝灭弧装置；(c) 栅片灭弧装置

1—静触头；2—短电弧；3—灭弧栅片；4—灭弧罩；5—电弧；6—动触头

对于容量较小的交流接触器，常采用双断口灭弧，额定电流在 20A 以上的交流接触器常用缝隙灭弧装置灭弧，对容量较大的交流接触器常采用栅片灭弧。

(4) 辅助部件。辅助部件主要为安装卡扣或螺栓、相间绝缘隔板等附属部件。

3. 交流接触器原理

电磁线圈通电后，线圈电流产生磁场，使静铁芯产生足够的吸力，克服弹簧反作用力将动铁芯向下吸合，三对（动合）主触头闭合的同时（动合）辅助触头闭合，（动断）辅助触头断开。

当电磁线圈断电后，静铁芯吸力消失，动铁芯在弹簧反作用力的作用下复位，各触头也一起复位。

（二）直流接触器

直流接触器主要供远距离接通和分断额定电压 440V、额定电流 1600A 以下的直流电力线路之用。并适用于直流电动机的频繁启动、停止、换向及反接制动。

1. 直流接触器的型号及含义

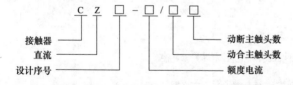

2. 直流接触器的结构

直流接触器主要由电磁系统、触头系统和灭弧装置三大部分组成。

(1) 电磁系统。直流接触器的电磁系统由线圈、铁芯、衔铁三部分组成。由于是接通的直流，铁芯不会产生涡流和磁滞损耗而发热，因此铁芯可用整块铸钢或铸铁做成，如图 9-8 所示。

(2) 触头系统。直流接触器的触头也有主、辅之分。主触头多采用滚动的指形触头，以延长触头的使

图 9-8　直流接触器的电磁系统

用寿命，辅助触头流过的电流较小，多采用双断点桥式触头。

（3）灭弧装置。直流接触器一般采用封闭式自然灭弧、铁磁片灭弧、铁磁栅片灭弧等三种。

（三）接触器的选择

1. 接触器类型选择

根据接触器所控制的负载性质选择接触器的类型。通常交流负载选用交流接触器，直流负载选用直流接触器。如果控制系统中主要是交流负载，而直流负载容量较小时，也可用交流接触器控制直流负载，但触头的额定电流应适当选大一些。

交流接触器按负荷一般分为一类、二类、三类、四类。一类交流接触器对应的控制对象是无感或微感负荷，如白炽灯、电阻炉等；二类交流接触器用于绕线式异步电动机的启动和停止；三类交流接触器的典型用途是用于鼠笼型异步电动机的运转和运行中分断；四类交流接触器用于鼠笼型异步电动机的启动、反接制动、反转和点动。

2. 接触器主触头的额定电压选择

接触器主触头的额定电压应大于或等于所控制线路的额定电压。

3. 接触器主触头的额定电流选择

接触器主触头的额定电流应大于或等于负载的额定电流。

接触器若使用在频繁启动、制动及正反转的场合，应将接触器主触头的额定电流降一个等级使用。

4. 接触器吸引线圈的额定电压选择

当控制线路简单，可直接选用 380V 或 220V 的电压。若线路较复杂，可选用 36V 或110V 电压的线圈。

5. 接触器触头的数量和种类选择

接触器的触头数量和种类应满足控制线路的要求。如 CJ10 系列交流接触器的技术数据见表 9-1。

（四）接触器的安装

1. 安装前检查

（1）技术数据是否符合实际使用。

（2）外观是否有损伤，动作是否灵敏。

（3）清除油污及杂质，并测量接触器线圈电阻和绝缘电阻。

表 9-1　　　　　　　　　　CJ10 系列交流接触器的技术数据

型号	触头额定电压（V）	主触头		辅助触头		线圈		可控制三相异步电动机的最大功率（kW）	
		额定电流（A）	对数	额定电流（A）	对数	电压（V）	功率（VA）	220V	380V
CJ10-10	380	10	3	5	均为 2动合 2动断	36、110、220、380	11	2.2	4
CJ10-20		20					22	5.5	10
CJ10-40		40					32	11	20
CJ10-60		60					70	17	30

2. 接触器安装

（1）接触器应垂直安装，倾斜度不得超过 5°。散热孔应安装在上边。

（2）不能将其他物件掉入接触器内，并拧紧螺钉。

（3）安装结束后在主触头不带电的情况下操作几次。

第三节　热 继 电 器

热继电器是电流通过发热元件产生热量，使检测元件受热弯曲而推动机构动作的一种继电器。由于热继电器中发热元件的发热惯性，在电路中不能作为瞬时过载保护和短路保护。它主要用于电动机的过载保护、断相保护和三相电流不平衡运行的保护及其他电气设备状态的控制。

一、热继电器的工作原理及结构

（一）热继电器的作用和分类

在电力拖动控制系统中，当三相交流电动机出现长期带负荷欠电压下运行、长期过载运行以及长期单相运行等不正常情况时，会导致电动机绕组严重过热乃至烧坏。为了充分发挥电动机的过载能力，保证电动机的正常启动和运转，而当电动机一旦出现长时间过载时又能自动切断电路，从而出现了能随过载程度而改变动作时间的电器，这就是热继电器。显然，热继电器在电路中是做三相交流电动机的过载保护用。但须指出的是，由于热继电器中发热元件有热惯性，在电路中不能做瞬时过载保护，更不能做短路保护。因此，它不同于过电流继电器和熔断器。

按相数来分，热继电器有单相、两相和三相式共三种类型，每种类型按发热元件的额定电流又有不同的规格和型号。三相式热继电器常用于三相交流电动机，做过载保护。

按职能来分，三相式热继电器又有不带断相保护和带断相保护两种类型。

（二）热继电器的保护特性和工作原理

1. 热继电器的保护特性

因为热继电器的触点动作时间与被保护的电动机过载程度有关，所以在分析热继电器工作原理之前，首先要明确电动机在不超过允许温升的条件下，电动机的过载电流与电动机通电时间的关系。这种关系称为电动机的过载特性。

当电动机运行中出现过载电流时，必将引起绕组发热。根据热平衡关系，不难得出在允许温升条件下，电动机通电时间与其过载电流的平方成反比的结论。根据这个结论，可以得出电动机的过载特性，具有反时限特性，如图 9-9 中曲线 1 所示。

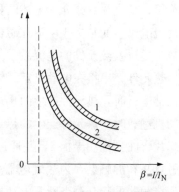

图 9-9　电动机的过载特性 1 和热继电器的保护特性 2 及其配合

为了适应电动机的过载特性而又起到过载保护作用，要求热继电器也应具有如同电动机过载特性那样的反时限特性。为此，在热继电器中必须具有电阻发热元件，利用过载电流通过电阻发热元件产生的热效应使感测元件动作，从而带动触点动作来完成保护作用。热继电器中通过的过载电流与热继电器触点的动作时间关系，称为热继电器的保护特性，如图9-9中曲线2所示。考虑各种误差的影响，电动机的过载特性和继电器的保护特性都不是一条曲线，而是一条带子。显而易见，误差越大，带子越宽；误差越少，带子越窄。

由图9-9中曲线1可知，电动机出现过载时，工作在曲线1的下方是安全的。因此，热继电器的保护特性应在电动机过载特性的邻近下方。这样，如果发生过载，热继电器就会在电动机未达到其允许过载极限之前动作，切断电动机电源，使之免遭损坏。

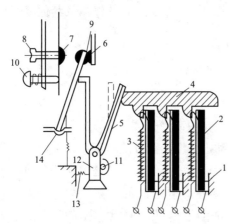

图9-10　热继电器的结构原理图

1—固定件；2—双金属片；3—热元件；4—导板；
5—补偿双金属片；6—静触点；7—动合触点；
8—复位螺钉；9—动触点；10—按钮；11—旋钮；
12—支撑件；13—压簧；14—推杆

2. 热继电器的工作原理

热继电器工作原理如图9-10所示，热继电器中产生热效应的发热元件，应串接于电动机电路中，这样，热继电器便能直接反映电动机的过载电流。热继电器的感测元件，一般采用双金属片。所谓双金属片，就是将两种线膨胀系数不同的金属片以机械辗压方式使之形成一体。膨胀系数大的称为主动层，膨胀系数小的称为被动层。双金属片受热后产生线膨胀，由于两层金属的线膨胀系数不同，且两层金属又紧密地贴合在一起，因此，使得双金属片向被动层一侧弯曲，由双金属片弯曲产生的机械力便带动触点动作。

双金属片的受热方式有4种，即直接受热式、间接受热式、复合受热式和电流互感器受热式。直接受热式是将双金属片当作发热元件，让电流直接通过它；间接受热式的发热元件由电阻丝或带制成，绕在双金属片上且与双金属片绝缘；复合受热式介于上述两种方式之间；电流互感器受热式的发热元件不直接串接于电动机电路，而是接于电流互感器的二次侧，这种方式多用于电动机电流比较大的场合，以减少通过发热元件的电流。

热元件3串接在电动机定子绕组中，电动机绕组电流即为流过热元件的电流。当电动机正常运行时，热元件产生的热量虽能使双金属片2弯曲，但还不足以使继电器动作；当电动机过载时，热元件产生的热量增大，使双金属片弯曲位移增大，经过一定时间后，双金属片弯曲到推动导板4，并通过补偿双金属片5与推杆14将动触点9和静触点6分开，动触点9和静触点6为热继电器串接于接触器线圈回路的动断触点，断开后使接触器失电，接触器的动合触点断开电动机的电源以保护电动机。

调节旋钮11是一个偏心轮，它与支撑件12构成一个杠杆，13是一压簧，转动偏心轮，改变它的半径即可改变补偿双金属片5与导板4的接触距离，因而达到调节整定动作电流的目的。此外，靠调节复位螺钉8来改变动合触点7的位置，使热继电器能工作在手动复位和自动复位两种工作状态。调试手动复位时，在故障排除后要按下按钮 10 才能使动触点恢复与静触点 6 相接触的位置。

3. 带断相保护的热继电器

三相电动机的一根接线松开或一相熔丝熔断，是造成三相异步电动机烧坏的主要原因之一。如果热继电器所保护的电动机是 Y 接法，当线路发生一相断电时，另外两相电流便增大很多，由于线电流等于相电流，流过电动机绕组的电流和流过热继电器的电流增加比例相同，因此普通的两相或三相热继电器可以对此作出保护。如果电动机是△接法，发生断相时，由于电动机的相电流与线电流不等，流过电动机绕组的电流和流过热继电器的电流增加比例不相同，而热元件又串联在电动机的电源进线中，按电动机的额定电流即线电流来整定，整定值较大。当故障线电流达到额定电流时，在电动机绕组内部，电流较大的那一相绕组的故障电流将超过额定相电流，便有过热烧毁的危险。所以△接法必须采用带断相保护的热继电器。

带有断相保护的热继电器是在普通热继电器的基础上增加一个差动机构，对三个电流进行比较。差动式断相保护装置结构原理如图 9-10 所示。热继电器的导板改为差动机构，由上导板 1、下导板 2 及杠杆 5 组成，它们之间都用转轴连接。

图 9-11（a）为通电前机构各部件的位置。图 9-11（b）为正常通电时的位置，此时三相双金属片都受热向左弯曲，但弯曲的挠度不够，所以下导板向左移动一小段距离，继电器不动作。图 9-11（c）是三相同时过载时的情况，三相双金属片同时向左弯曲，推动下导板 2 向左移动，

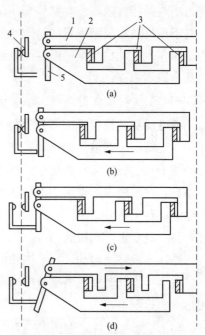

图 9-11 热继电器差动式断相保护
机构动作原理图
1—上导板；2—下导板；3—双金属片；
4—动断接点；5—杠杆
注：箭头代表上下导板移动方向。

通过杠杆 5 使动断触点 4 立即打开。图 9-11（d）是 C 相断线的情况，这时 C 相双金属片逐渐冷却降温，端部向右移动，推动上导板 1 向右移。而另外两相双金属片温度上升，端部向左弯曲，推动下导板 2 继续向左移动。由于上、下导板一左一右移动，产生了差动作用，通过杠杆的放大作用，使动断触点 4 打开。由于差动作用，使热继电器在断相故障时加速动作，保护电动机。

二、热继电器的选型及整定原则

热继电器主要用于保护电动机的过载，为了保证电动机能够得到既必要又充分的过载保护，就必须全面了解电动机的性能，并给其配以合适的热继电器，进行必要的整定。一般涉及电动机的情况有工作环境、起动电流、负载性质、工作制、允许的过载能力等。原

则上应使热继电器的安秒特性尽可能接近甚至重合电动机的过载特性，或者在电动机的过载特性之下，同时在电动机短时过载和启动的瞬间，热继电器应不受影响（不动作）。

热继电器的正确选用。与电动机的工作制有密切关系。当热继电器用以保护长期工作制或间断长期工作制的电动机时，一般按电动机的额定电流来选用。例如，热继电器的整定值可等于 0.95～1.05 倍电动机的额定电流，或者取热继电器整定电流的中值等于电动机的额定电流，然后进行调整。

当热继电器用以保护反复短时工作制的电动机时，热继电器仅有一定范围的适应性。如果每小时操作次数很多，就要选用带速饱和电流互感器的热继电器。

对于正反转相通断频繁的特殊工作制电动机，不宜采用热继电器作为过载保护装置，而应使用埋入电动机绕组的温度继电器或热敏电阻来保护。

具体原则如下：

（一）热继电器类型选择

热继电器从结构型式上可分为两极式和三极式。三极式中又分为带断相保护和不带断相保护，主要应根据被保护电动机的定子接线情况选择。当电动机定子绕组为三角形接法时，必须采用三极式带断相保护的热继电器（原因详见本文一、2 至 3）；对于星形接法的电动机，一般采用不带断相保护的热继电器。由于一般电动机采用星形接法时都不带中线，热继电器用两极式或三极式都可以。但若电动机定子绕组采用带中线的星形接法时，热继电器一定要选用三极式。

另外，一般轻载启动、长期工作的电动机或间断长期工作的电动机，宜选择二相结构的热继电器；当电动机的电流电压均衡性较差、工作环境恶劣或较少有人看管时，可选用三相结构的热继电器。

（二）热继电器额定电流的选择

1. 保证电动机正常运行及启动

在正常启动的启动电流和启动时间、非频繁启动的场合，必须保证电动机的启动不致使热继电器误动。当电动机启动电流为额定电流的 6 倍、启动时间不超过 6s、很少连续启动的条件下，一般可按电动机的额定电流来选择热继电器。（实际中热继电器的额定电流可略大于电动机的额定电流）

2. 考虑保护对象——电动机的特性

根据电动机的型号、规格和特性，电动机的绝缘材料等级有 A 级、E 级、B 级等，它们的允许温升各不相同，因而其承受过载的能力也不相同。在选择热继电器时应引起注意。另外，开启式电动机散热比较容易，而封闭式电动机散热就困难得多，稍有过载，其温升就可能超过限值。虽然热继电器的选择从原则上讲是按电动机的额定电流来考虑，但对于过载能力较差的电动机，它所配的热继电器（或热元件）的额定电流就应适当小些。在这种场合，也可以取热继电器（或热元件）的额定电流为电动机额定电流的 60%～80%。

3. 考虑负载因素

如负载性质不允许停车，即便过载会使电动机寿命缩短，也不应让电动机冒然脱扣，以免生产遭受比电动机价格高许多倍的巨大损失。这时热继电器的额定电流可选择较大值（当然此工况下电动机的选择一般也会有较强的过载能力）。这种场合最好采用由热继电器和其他保护电器有机地组合起来的保护措施，只有在发生非常危险的过载时方考虑脱扣。

（三）热元件整定电流选择

根据热继电器型号和热元件额定电流，即可查出热元件整定电流的调节范围。通常将热继电器的整定电流调整到电动机的额定电流；对过载能力差的电动机，可将热元件整定值调整到电动机额定电流的 0.6~0.8 倍；当电动机启动时间较长、拖动冲击负载或不允许停车时，可将热元件整定电流调节到电动机额定电流的 1.1~1.15 倍。

（1）热继电器应具有既可靠又合理的保护特性，具体而言应具有一条与电动机容许过载特性相似的反时限特性，且应在电动机容许过载特性之下，而且应有较高的精确度，以保证保护动作的可靠性。

（2）其他注意事项：

1）操作频率：当电动机的操作频率超过热继电器的操作频率时，如电动机的反接制动、可逆运转和密接通断，热继电器就不能提供保护。这时可考虑选用半导体温度继电器进行保护。

2）对于工作时间较短、间歇时间较长的电动机（例如摇臂钻床的摇臂升降电动机等），以及虽然长期工作但过载的可能性很小的电动机（例如排风机等），可以不设过载保护。

3）对点动、重载启动，连续正反转及反接制动等运行的电动机，一般不宜用热继电器。

4）应当具有一定的温度补偿：由于周围介质温度的变化，在相同的过载电流下，热继电器的动作将产生误差，为消除这种误差，应当设置温度补偿措施。

5）一般情况下，应遵循热继电器保护动作后即使热继电器自动复位，被保护的电动机都不应自动再启动的原则，否则应将热继电器设定为手动复位状态。这是为了防止电动机在故障未被消除而多次重复再启动损坏设备。例如：一般采用按钮控制的手动启动和手动停止的控制电路，热继电器可设定成自动复位形式；采用自动元件控制的自动启动电路应将热继电器设定为手动复位形式；凡能自动复位的热继电器，动作后应能在 5min 内可靠地自动复位。而手动复位的在动作后 2min 内用手按下手动复位按钮时，也应可靠地复位。多数产品一般都有手动与自动复位两种方式，并且可以利用螺钉调节成任一方式，以满足不同场合的需要。

6）动作电流值应当可调。为能满足生产和使用中的需要，减少规格档次，所以某一规格的热继电器应能通过凸轮的调节来实现。

7）因热元件受热变形需要时间，故热继电器只能作为电动机的过载保护，不能作为短路保护用。因此，在使用热继电器时，应加装熔断器作为短路保护。对于重载、频繁启动的较大容量的重要电动机，则可用过电流继电器（延时动作型的）作它的过载和短路保护。

三、安装注意事项

（一）安装方向

热继电器的安装方向很容易被人忽视。热继电器是电流通过发热元件发热，推动双金属片动作。热量的传递有对流、辐射和传导三种方式。其中对流具有方向性，热量自下向上传输。在安装时，如果发热元件在双金属片的下方，双金属片就热得快，动作时间短；如果发热元件在双金属片的旁边，双金属片热得较慢，热继电器的动作时间长。当热继电器与其他电器装在一起时，应装在电器下方且远离其他电器 50mm 以上，以免受其他电器发热的影响。热继电器的安装方向应按产品说明书的规定进行，以确保热继电器在使用时的动作性能相一致。

（二）连接导线的选择

出线端的连接导线，应按热继电器的额定电流进行选择，过粗或太细也会影响热继电器的正常工作。连接线太细，则连接线产生的热量会传到双金属片，加上发热元件沿导线向外散热少，从而缩短了热继电器的脱扣动作时间；反之，如果采用的连接线过粗，则会延长热继电器的脱扣动作时间。额定电流为 10A 的热继电器，其出线端连接导线的截面积以 2.5mm² 为宜（单股铜芯塑料线），20A 的以 4mm² 为宜（单股铜芯塑料线），60A 的以 16mm² 为宜（多股铜芯橡皮软线），150A 的则以 35mm² 为宜（多股铜芯橡皮软线）。因为导线材质和粗细都会影响热元件端接点传导到外部热量的多少。导线过细，轴向导热性差，热继电器可能提前动作；导线过粗，则轴向导热快，热继电器可能滞后动作。热继电器出线端的连接导线一般采用铜芯导线。若选用铝芯导线，则导线截面积应增大 1.8 倍，并且导线端头应挂锡。

连接导线截面选择参照表 9-2。

表 9-2　　　　　　　　　　连接导线截面选择标准

热继电器的整定电流 I（A）	连接导线截面积（mm²）
$0 < I_N \leqslant 8$	1
$8 < I_N \leqslant 12$	1.5
$12 < I_N \leqslant 20$	2.5
$20 < I_N \leqslant 25$	4
$25 < I_N \leqslant 32$	6
$32 < I_N \leqslant 50$	10
$50 < I_N \leqslant 65$	16
$65 < I_N \leqslant 85$	25
$85 < I_N \leqslant 115$	35
$115 < I_N \leqslant 150$	50
$150 < I_N \leqslant 160$	70

（三）使用环境

主要指环境温度，它对热继电器动作的快慢影响较大。热继电器周围介质的温度，应和电动机周围介质的温度相同，否则会破坏已调整好的配合情况。例如：当电动机安装在高温处，而热继电器安装在温度较低处时，热继电器的动作将会滞后（或动作电流大）；反之，其动作将会提前（或动作电流小）。

对没有温度补偿的热继电器，应在热继电器和电动机两者环境温度差异不大的地方使用。对有温度补偿的热继电器，可用于热继电器与电动机两者环境温度有一定差异的地方，但应尽可能减少因环境温度变化带来的影响。

应考虑热继电器使用的环境温度和被保护电动机的环境温度。当热继电器使用的环境温度高于被保护电动机的环境温度15℃以下时，应使用大一号额定电流等级的热继电器；当热继电器使用的环境温度低于被保护电动机的环境温度15℃以下时，应使用小一号额定电流等级的热继电器。此外，也应考虑电动机的负载情况及热继电器可能需要的调整范围。

（四）热继电器的调整

投入使用前必须对热继电器的整定电流进行调整，以保证热继电器的整定电流与被保护电动机的额定电流相匹配。热继电器在接入电路使用前，须按电动机的额定电流对热继电器的特定电流进行调节，以满足相应的使用场合。

例如，对于一台10kW、380V的电动机，额定电流19.9A，可使用XX20-25型热继电器，热元件整定电流为17～21～25A，先按一般情况整定在21A，若发现经常提前动作，而电动机温升不高，可改整定电流25A继续观察；若在21A时，电动机温升高，而热继电器滞后动作，则可改在17A进行观察，以得到最佳的配合。

用于反复短时间工作电动机的过载保护时额定电流的调整。在现场多次试验、调整才能得到较可靠的保护。方法是：先将热继电器的额定电流调到比电动机的额定电流略小，运行时如果发现其经常动作，再逐渐调大热继电器的额定值，直至满足运行要求为止。特殊工作时电动机保护。正、反转及频繁通断工作的电动机不宜采用热继电器来保护。较理想的方法是用埋入绕组的温度继电器或热敏电阻来保护。

 思考题

1. 简述低压断路器的主要结构。
2. 简述低压断路器的工作原理。
3. 低压断路器按操作方式如何分类？
4. 简述低压断路器的分断能力指标。
5. 低压断路器脱扣类型有哪几种？
6. 低压断路器触头检查内容有哪些？
7. 低压接触器分为哪两类？
8. 简述交流接触器的结构原理。
9. 交流接触器短路环作用是什么？
10. 交流接触器触头接触形式分为哪几种？

11. 交流接触器常见灭弧形式有哪几种?

12. 简述直流接触器的结构组成。

13. 直流接触器如何进行选择?

14. 简述热继电器的工作原理。

15. 简述热继电器的结构。

16. 简述热继电器的保护特性。

17. 热继电器保护定值的整定原则是什么?

第十章

电 缆

第一节 概 述

本章讲述适用于交流 50Hz、额定电压 1kV 以上供输配电的各种类型电力电缆。

1. 电缆和附件的电压值

（1）U_0——设计时采用的电缆的每一导体与屏蔽或金属护套之间的额定工频电压。

（2）U——设计时采用的电缆的任何两个导体之间的额定工频电压。

（3）U_m——设计时采用的电缆的任何两个导体之间的工频最高电压。U_m 应等于或大于在正常运行状态下电缆所在系统内，在任何时间内能持续在任何一点的工频最高电压，但不包括由于事故和突然甩负荷所造成的暂态电压升高。

（4）U_{p1}——设计时采用的电缆的每一导体与屏蔽或金属护套之间的雷电冲击耐受电压之峰值。

（5）U_{p2}——设计时采用的电缆的每一导体与屏蔽或金属护套之间的操作冲击耐受电压之峰值。

电缆的额定电压值见表 10-1。

表 10-1 电缆的额定电压值 （kV）

U	U_m	U_0	
		第Ⅰ类	第Ⅱ类
3	3.6	1.8	3
6	7.2	3.6	6
10	12	6	8.7
15	17.5	8.7	12
20	24	12	18
35	42	21	26
63	72.5	37	48
110	126	64	—
220	252	127	—
330	363	190	—
500	550	290	—

2. 电缆绝缘材料的种类

（1）油浸纸绝缘是用绝缘油对经过干燥的纸进行真空浸渍而成。油浸纸绝缘的绝缘性能主要决定于纸和浸渍剂（绝缘油）的性能以及生产制造工艺。

(2) 橡塑材料绝缘。

1) 热塑性材料。以聚氯乙烯或醋酸乙烯酯共聚物为基材用于额定电压 $U_0/U \leqslant 1.8/3kV$ 电缆的绝缘材料（简称 PVC/A）；以上述材料为基材用于额定电压 $U_0/U > 1.8/3kV$ 电缆的绝缘材料（简称 PVC/B）；以热塑性聚乙烯为基材的绝缘材料（简称 PE）。

2) 弹性材料或热固性材料。以乙丙橡胶或其他类似化合物（EPM 或 EPDM）为基材的绝缘材料（简称 EPR）；以交联聚乙烯为基材的绝缘材料（简称 XLPE）。

3. 使用条件

在选用电缆时，应考虑以下使用条件：

(1) 运行条件。

(2) 系统额定电压。

(3) 系统最高工作电压。

(4) 雷电冲击电压。

(5) 操作冲击电压。

(6) 系统频率。

(7) 系统的接地方式。

1) 中性点非有效接地（包括中性点不接地和经消弧线圈接地）。

2) 中性点有效接地（包括中性点直接接地和经小电阻接地）。

(8) 电缆终端的环境条件。需提出终端安装地点的海拔和大气污秽等级。

(9) 最大载流量。应计及三种情况：持续运行载流量、周期运行（应考虑负荷曲线）载流量、事故紧急运行或过负荷运行时的载流量。

(10) 预期的相间或相对地短路时流过的对称和不对称的短路电流。

(11) 短路电流最长持续时间。

(12) 电缆线路压降。

4. 电缆绝缘水平选择

(1) U_0 类型的选择。正确地选择电缆的 U_0 值是确保电缆长期安全运行的关键之一，应严格按照下列规定选择。

1) 当电缆所在系统中的单相接地故障能很快切除，在任何情况下故障持续时间不超过 1min 时，可选用第Ⅰ类的 U_0（表 10-2）。

2) 当电缆所在系统中的单相故障持续时间在 1min～2h 时，个别情况在 2～8h 时，必须选用第Ⅱ类的 U_0（表 10-2）。

3) 对于 110kV 及以上电压等级的中性点直接接地系统，单相接地能迅速切除故障时，U_0 按第Ⅰ类选择（表 10-2）。

(2) U 的选择。U 值应按等于或大于电缆所在系统的额定电压选择。

(3) U_m 的选择。U_m 值应按等于或大于电缆所在系统的最高工作电压选择。

(4) U_{p1} 的选择。

1) U_{p1} 应根据表 10-2 选取，其中 220kV 及以上电缆线路的 U_{p1} 有两个数值，可根据架空线路的冲击绝缘水平、避雷器的保护特性、架空线路和电缆线路的波阻抗以及雷击点远近等因素通过计算后参照确定。

2）U_{p1} 的选择和保护电缆线路的避雷器配置，应考虑电缆线路的冲击特性长度。

3）电缆长度等于其冲击特性长度时，电缆线路可不必增加其他保护措施，U_{p1} 与系统基本绝缘水平相同。

表 10-2   电缆的雷电冲击耐受电压   （kV）

额定电压 U_0/U	3.6/6	6/6，6/10	8.7/10，8.7/15	12/20	21/35	26/35
雷电冲击耐受电压 U_{p1}	60	75	95	125	200	250
额定电压 U_0/U	37/63	48/63	64/110	127/220	190/330	290/500
雷电冲击耐受电压 U_{p1}	325	450	550	950 1050	1175 1300	1550 1675

4）电缆线路长度大于其冲击特性长度时，U_{p1} 可比系统基本绝缘水平略低些，但选择时要极为慎重。

5）电缆线路长度小于其冲击特性长度时，U_{p1} 应比系统基本绝缘水平高些，或对电缆另加保护措施，例如在电缆线路末端加装避雷器。

电缆线路的冲击特性长度的计算方法以及电缆线路上最大雷电冲击电压与其长度关系曲线，见附录 A。

（5）U_{p2} 的选择。对于 190/330～290/500kV 超高压电缆，应考虑操作冲击绝缘水平，U_{p2} 应与同电压级设备的操作冲击耐受电压相适应。表 10-3 列出电缆操作冲击耐受电压，供选择使用。

表 10-3   电缆操作冲击耐受电压值   （kV）

U_0/U	190/330	290/500
U_{p2}	850 950	1050 1240

（6）护层绝缘水平选择。对于高压单芯电缆，采用金属护套一端互联接地或三相金属护套交叉换位互联接地。当电缆线路所在系统发生短路故障或遭受雷电冲击和操作冲击电压作用时，在金属护套的不接地端或交叉互连处会出现过电压，可能会使护层绝缘发生击穿。为此需在不接地端装设保护器，此时作用在护层上的电压主要取决于保护器的残压。护层绝缘水平应按表 10-4 选择，必要时可参照附录 B 进行验算。

表 10-4   电缆护层绝缘耐受电压值   （kV）

电缆额定电压 U_0/U	1min 工频耐受电压	雷电冲击耐受电压（峰值）	电缆额定电压 U_0/U	1min 工频耐受电压	雷电冲击耐受电压（峰值）
37/63，48/63，64/110	24	37.5	190/330	24	62.5
127/220	24	47.5	290/500	24	72.5

5. 电缆类型和导体截面选择

(1) 绝缘类型选择。

1) 油纸绝缘电缆具有优良的电气性能，使用历史悠久，一般场合下均可选用。对低中压（35kV及以下），如电缆落差较大时，可选用不滴流电缆；63kV、110kV可选用自容式充油电缆；220kV及以上优先选用自容式充油电缆。

2) 由于聚乙烯绝缘电缆（PVC）介质损耗大，在较高电压下运行不经济，故只推荐用于1kV及以下线路。

3) 对于6～110kV交联聚乙烯电缆（XLPE），因有利于运行维护，通过技术经济比较后，可因地制宜采用；但对220kV及以上电压等级的产品，在选用时应慎重。

4) 乙丙橡胶绝缘电缆（EPR）适用于35kV及以下的线路。虽价格较高，但耐湿性能好，可用于水底敷设和弯曲半径较小的场合。

(2) 导体截面选择。

1) 导体材料可根据技术经济比较选用铜芯或铝芯。

2) 导体截面应根据输送容量从有关电缆结构给出的标准截面中选择，或向厂商提出特殊订货。

(3) 交联聚乙烯电缆金属屏蔽层截面选择。

1) 为了使系统在发生单相接地或不同地点两相接地时，故障电流流过金属屏蔽层而不至将其烧损，该屏蔽层最小截面宜满足表10-5要求。

表10-5 　　　　　　交联聚乙烯电缆金属屏蔽层最小截面推荐值

系统额定电压 U(kV)	6～10	35	63	110	220	330	500
金属屏蔽层截面 (mm^2)	25	35	50	75	95	120	150

2) 对于110kV及以上单芯交联聚乙烯电缆，为减少流经金属屏蔽层的接地故障电流，可加设接地回流线，该回流线截面应通过热稳定计算确定。

6. 电缆终端选择

(1) 终端额定电压选择。终端的额定电压等级及其绝缘水平，应不低于所连接电缆的额定电压等级及其绝缘水平。

(2) 户外终端的外绝缘选择。户外终端的外绝缘应满足所设置环境条件（如污秽、海拔等）的要求，并有一个合适的泄漏比距。

(3) 终端的结构形式选择。终端的结构形式，与电缆所连接的电气设备的特点必须相适应，与充油电缆连接的SF$_6$组合电器（简称GIS）终端应具有符合要求的接口装置。

(4) 对电缆终端的机械强度的要求。电缆终端的机械强度，应满足使用环境的风力和地震等级的要求，并考虑引线的载荷。

7. 高压单芯电缆护层保护器选择

(1) 保护器选择的原则。

1）保护器通过最大冲击电流时的残压乘以 1.4 后，应低于电缆护层绝缘的冲击耐压值（见表 10-4）。

2）保护器在最大工频电压作用下，能承受 5s 而不损坏。

3）保护器应能通过最大冲击电流累计 20 次而不损坏。

（2）保护器通流容量的确定。

1）在雷电冲击电压作用下，电缆金属护套一端接地另一端接保护器时，该保护器的通流容量可参照表 10-6 确定。

2）在操作过电压作用下，保护器通流容量可参照表 10-7 确定。在操作过电压作用下，流经保护器的电流有两个阶段，即换算到 $8/20\mu s$ 波形的 I''_m 和持续 $2\sim 3ms$ 的方波电流 I_c。保护器应具有释放内过电压能量的通流能力。

3）比较雷电冲击电压和操作冲击电压作用下，保护器的通流容量 I_m 和 I'_m，取最大者作为设计值。

（3）保护器阀片数的确定。

1）保护器阀片片数由护层所承受的工频过电压确定，见表 10-6 和表 10-7。

表 10-6　　　　　　　　　　保护器标准冲击电流波的通流容量 I_m

系统额定电压 U(kV)	$8/20\mu s$		$20/40\mu s$	
	保护器在电缆首端	保护器在电缆末端	在电缆首端	在电缆末端
110	5.1	0.28	3.0	0.1
220	10.0	0.44	6.0	0.3
330	15.0	1.25	8.0	1.0
500	20.0	3.10	12.0	1.8

表 10-7　　　　　　　　电缆在操作波作用下保护器的通流容量 I'_m 和 I_c

电缆回路数	系统额定电压 U(kV)							
	110		220		330		500	
	I'_m(kA)	I_c(A)	I'_m(kA)	I_c(A)	I'_m(kA)	I_c(A)	I'_m(kA)	I_c(A)
2	6.9	1.7	8.6	3.3	9.1	5.6	10.7	23
3	8.9	2.3	11.3	4.5	12.0	7.6	15.5	31.3
4	9.9	2.7	12.6	5.5	13.4	8.7	18.0	35.5
5	10.5	2.9	13.4	5.7	14.3	9.3	19.6	37.7
6	10.9	3.0	13.9	5.8	14.9	9.7	20.4	39.7
7	11.1	3.2	14.3	6.0	15.3	10.0	21.6	40.8

注　只有一回路的电缆，操作过电压值很低，故未列入表内。

$$m = \frac{U_s}{U'} \tag{10-1}$$

式中　m——保护器阀片片数；

　　　U_s——护层工频过电压值，kV；

U'——片阀片所能承受的工频电压值（由保护器生产厂家提供），kV。

2）应优先采用氧化锌阀片的保护器。

（4）电缆金属护套与保护器连接的要求。

1）连接导线应尽量短，宜采用同轴电缆。

2）连接导线截面应满足热稳定要求。

3）连接导线的绝缘水平与电缆护层绝缘水平相同。

4）保护器应配有动作记录器。

第二节 电缆头的制作

一、电缆头作用

电缆类接头分为中间接头和终端接头。示意图分别如图 10-1（以 35kV 交联电缆为例）、图 10-2 所示。

图 10-1 电缆中间接头

1. 屏蔽

在电缆结构上的所谓"屏蔽"，实质上是一种改善电场分布的措施。电缆导体由多根导线绞合而成，它与绝缘层之间易形成气隙，导体表面不光滑，会造成电场集中。

（1）内屏蔽层。

在导体表面加一层半导电材料的屏蔽层，它与被屏蔽的导体等电位并与绝缘层良好接触，从而避免在导体与绝缘层之间发生局部放电，这一层屏蔽为内屏蔽层。

（2）外屏蔽层。

图 10-2 电缆终端头

同样在绝缘表面和护套接触处也可能存在间隙，是引起局部放电的因素，故在绝缘层表面加一层半导电材料的屏蔽层，它与被屏蔽的绝缘层有良好接触，与金属护套等电位，从而避免在绝缘层与护套之间发生局部放电，这一层屏蔽为外屏蔽层。

（3）金属屏蔽层。

没有金属护套的挤包绝缘电缆，除半导电屏蔽层外，还要增加用铜带或铜丝绕包的金属屏蔽层，这个金属屏蔽层的作用，在正常运行时通过电容电流；当系统发生短路时，作为短路电流的通道，同时也起到屏蔽电场的作用。可见，如果电缆中这层外半导体层和铜屏蔽不存在，三芯电缆中芯与芯之间发生绝缘击穿的可能性非常大。

2. 屏蔽断口制作

制作电缆终端或接头时剥除一小段屏蔽层主要目的是用来保证高压对地的爬电距离的，这个屏蔽断口处应力十分集中，是薄弱环节，必须采取适当的措施进行应力处理。（用应力锥或应力管等）剥除屏蔽层的长度以保证爬电距离；增强绝缘表面抗爬电能力为依据。屏蔽层剥切过长将增加施工的难度，增加电缆附件的成本完全没有必要。

二、电缆头安装的基本操作工艺

（一）基本要求

电缆头是电缆线路中最薄弱的部分，其安装质量的好坏是电缆线路能否安全运行的关键，应给予足够的重视。

（1）电缆头在安装时要防潮，不应在雨天、雾天、大风天做电缆头，平均气温低于0℃时，电缆应预先加热。

（2）施工中要保证手和工具、材料的清洁。操作时不应做其他无关的事。

（3）所用电缆附件应预先试装，检查规格是否同电缆一致，各部件是否齐全，检查出厂日期，检查包装（密封性），防止剥切尺寸发生错误。

（二）电缆头安装的前期工作

（1）电缆敷设前要检查电缆本体的绝缘，在电缆头上找出色相排列情况，避免三芯电缆中间头上（为对齐相序）芯线交叉。

（2）电缆敷设后要做电缆的耐压试验，试验后对电缆头做好密封，防止受潮。

（3）中间头电缆要留余量及放电缆的位置。

（三）基本操作工艺

（1）剥外护套。为防止钢甲松散，应先在钢甲切断处内侧将外护层剥去一圈（外侧留下），做好卡子，用铜丝绑紧钢甲并焊妥钢甲接地线。最后剥外护套。

（2）锯钢甲。上一步完成后，在卡子边缘（无卡子时为铜丝边缘）顺钢甲包紧方向锯一环形深痕（不能锯断第二层钢甲，否则会伤到电缆），用一字螺丝刀撬起（钢甲边断开），再用钳子拉下并转松钢甲，脱出钢甲带，处理好锯断处的毛刺。整个过程都要顺钢甲包紧方向，不能把电缆上的钢甲弄松。

（3）剥内护绝缘层。注意保护好色相标识线，保证铜屏蔽层与钢甲之间的绝缘。

（4）焊接屏蔽层接地线。将内护层外侧的铜屏蔽层铜带上的氧化物去掉，涂上焊锡。把附件的接地扁铜线分成三股，在涂上焊锡的铜屏蔽层上绑紧，处理好绑线的头，再用焊锡将铜屏蔽层焊住，焊住线头。外护套防潮段表面一圈要用砂皮打毛，涂密封胶，以防止水渗进电缆头。屏蔽层与钢甲两接地线要求分开时，屏蔽层接地线要做好绝缘处理。

（5）铜屏蔽层处理。在电缆芯线分叉处做好色相标记，按电缆附件说明书，正确测量好铜屏蔽层切断处位置，用焊锡焊牢（防止铜屏蔽层松开），在切断处内侧用铜丝扎紧，顺铜带扎紧方向沿铜丝用刀划一浅痕（注意不能划破半导体层），慢慢将铜屏蔽带撕下，最后顺铜带扎紧方向解掉铜丝。

（6）剥半导电层。在离铜带断口 10mm 处为半导电层断口，断口内侧包一圈胶带做标记。

1）可剥离型。在预定的半导电层剥切处（胶带外侧），用刀划一环痕，从环痕向末端划两条竖痕，间距约 10mm。然后将此条形半导电层从末端向环形痕方向撕下（注意，不能拉起环痕内侧的半导电层），用刀划痕时不应损伤绝缘层，半导电层断口应整齐。检查主绝缘层表面有无刀痕和残留的半导电材料，如有应清理干净。

2）不可剥离型。从芯线末端开始用玻璃刮掉半导电层（也可用专用刀具），在断口处刮一斜坡，断口要整齐，主绝缘层表面不应留半导电材料，且表面应光滑。

3）清洁主绝缘层表面。用不掉毛的浸有清洁剂的细布或纸擦净主绝缘表面的污物，清洁时只允许从绝缘端向半导体层，不允许反复擦，以免将半导电物质带到主绝缘层表面。

4）安装半导电管（终端头）。半导电管在三根芯线离分叉处的距离应尽量相等，一般要求离分支手套 50mm，半导电管要套住铜带不小于 20mm，外半导电层已留出 20mm，在半导电层断口两侧要涂应力疏散胶（外侧主绝缘层上 15mm 长），主绝缘表面涂硅脂。半导电管热缩时注意：铜带不松动，表面要干净（原焊锡要焊牢），半导电管内不留一点空气。

5）安装分支手套。在内绝缘层和钢甲段用填料包平，在外护层防潮处涂上密封胶，分支手套小心套入，（做好色相标记）热缩分支手套，电缆分支中间尽量少缩（此处最容易使分支手套破裂），涂密封胶的 4 个端口要缩紧。

6）安装绝缘套管和接线端子。测量好电缆固定位置和各相引线所需长度，锯掉多余的引线。测量接线端子压接芯线的长度，按尺寸剥去主绝缘层（稍有锥度），芯线上涂点导电膏或硅脂，压接线端子（千万要对好接线螺栓穿孔的方向）。处理掉压接处的毛刺，接线端子与主绝缘层之间用填料包平（压接痕也要包平），套绝缘热缩管（套住分支手套的手指），在接线端子上涂密封胶，最后一根绝缘热缩套管要套住接线端子（除接触面以外部分），绝缘套管都要上面一根压住下面一根。最后套色相管（户外式套雨裙）。

（四）中间头安装方法

中间头制作方法在准备工作上同终端头是一样的，做钢甲接地线和屏蔽层接地线的（扁铜线）引线方向可不一样（向后也可以，软线可以反过来的），只是电缆芯线尺寸有严格要求（包括铜屏蔽层）。中间头的电缆引线有长（895mm）短（565mm）之分，这长度包括 30mm 一头的钢铠接地线位置。

1. 钢铠接地线

按照尺寸（895mm 和 565mm）处用刀割断外护层，往电缆头 30mm 处再割断外护层，去掉这 30mm 外护层，用砂纸打光（去掉油漆），上好焊锡（要放助焊剂），用铜丝将接地扁铜线绑紧，再用焊锡把扁铜线和铜丝同钢铠焊结实（特别是扁铜线头和铜丝头要焊住），然后擦掉助焊剂（助焊剂有腐蚀性，一定要擦干净），最好在铜丝外层用铁皮打一卡子，最后剥掉外护层和钢带，在钢带断口往外 20mm 割断内护（绝缘）层。将内护层去掉，保护好色相细条，一般用有色胶带绑在引线上。

2. 安装应力管

把引线分开弯曲好，在引线离头（长 675mm，短 345mm）处用记号笔画一圈，圈外包 2 层胶带（边沿在线上），擦干净铜带表面，用焊锡固定铜带，再在线上绑 2 圈铜丝，用刀在铜丝与胶带之间把铜带划出痕迹（不能划太深，不能划破半导电层），去掉胶带，顺铜带绑紧方向撕下铜带，铜屏蔽层断口不留毛刺。离铜带断口 50mm 处扎 2 圈胶带（胶带外沿在 50mm 处），在胶带外沿用刀把半导电层割一圈，同终端头一样把引线头部半导电层剥去，并处理干净主绝缘层表面，在半导电层断口涂上应力疏散胶。把半导电应力控制管套住铜带 20mm，用喷灯热缩（注意把空气排出）。

3. 压铜接管

离引线头 60～85mm 处削锥形（铅笔头），以后留出 5mm 内半导电层，剥出芯线，涂导电膏，把铜接管孔内处理干净，芯线穿进半个（半个不到 1mm）铜接管，压紧铜接管。把 2 支外护套管分别套到两电缆上（过分叉），把 2 支半导电管和 2 支绝缘管穿在一起套进电缆长引线上，检查 6 支应力控制管全部热缩到位后，14 支套管全部套好后，把芯线对好相位，穿入铜接管（到底），压紧铜接管。（注意：在压铜接管之前，必须把所有套管都套进电缆。）

4. 缩护套管

处理掉铜接管上的毛刺，在锥形（铅笔头）用半导电带包平，外层包填充胶。按第 1 缩内绝缘管、第 2 缩外绝缘管、第 3 缩外半导电管（2 支，保证在铜屏蔽层上长度不小于 20mm）热缩，中间交叉。热缩时要从中间开始，防止套管内留空气。热缩时热量要尽可能均匀，注意火焰喷到另外两相引线上，铜带上要涂硅脂。

5. 接好屏蔽层

套管缩好后，把三根引线并在一起，在半导电管外包紧钢丝网。把两根铜屏蔽层的接地扁铜线绑紧铜丝网后对接，用焊锡焊住接头。

6. 钢铠接地和外护套

当钢铠接地与屏蔽层接地有分开要求时，要把钢铠接地的扁铜线做绝缘处理，然后对接，接头处绝缘要求更高些。外护套（2 个）对接处不小于 100mm，电缆外护层与外护套连接处要打毛，涂上密封胶，最后把外护套缩紧。

第三节　电缆的敷设标准

一、电缆敷设

（一）电缆敷设方式选择

（1）电缆工程敷设方式的选择应视工程条件、环境特点和电缆型类、数量等因素，且按满足运行可靠、便于维护的要求和技术经济合理的原则来选择。

（2）电缆直埋敷设方式的选择，应符合下列规定：

1）同一通路少于6根的35kV及以下电力电缆，在厂区通往远距离辅助设施或城郊等不易有经常性开挖的地段，宜用直埋；在城镇人行道下较易翻修情况或道路边缘，也可用直埋。

2）厂区内地下管网较多的地段，可能有熔化金属、高温液体溢出的场所，待开发将有较频繁开挖的地方，不宜用直埋。

（3）在化学腐蚀或杂散电流腐蚀的土壤范围，不得采用直埋。

（4）电缆穿管敷设方式的选择，应符合下列规定：

1）在有爆炸危险场所明敷的电缆，露出地坪上需加以保护的电缆，地下电缆与公路、铁道交叉时，应采用穿管。

2）地下电缆通过房屋、广场的区段，电缆敷设在规划将作为道路的地段，宜用穿管。

3）在地下管网较密的工厂区、城市道路狭窄且交通繁忙或道路挖掘困难的通道等电缆数量较多的情况下，可用穿管敷设。

（5）浅槽敷设方式的选择，应符合下列规定：

1）地下水位较高的地方。

2）通道中电力电缆数量较少，且在不经常有载货汽车通过的户外配电装置等场所。

（6）电缆沟敷设方式的选择，应符合下列规定：

1）有化学腐蚀液体或高温熔化金属溢流的场所，或在载货汽车频繁经过的地段，不得用电缆沟。

2）经常有工业水溢流、可燃粉尘弥漫的厂房内，不宜用电缆沟。

3）在厂区、建筑物内地下电缆数量较多但不需采用隧道时，城镇人行道开挖不便且电缆需分期敷设时，又不属于上述1）、2）项的情况下，宜用电缆沟。

4）有防爆、防火要求的明敷电缆，应采用埋砂敷设的电缆沟。

（7）电缆隧道敷设方式的选择，应符合下列规定：

1）同一通道的地下电缆数量众多，电缆沟不足以容纳时应采用隧道。

2）同一通道的地下电缆数量较多，且位于有腐蚀性液体或经常有地面水流溢的场所，或含有35kV以上高压电缆，或穿越公路、铁道等地段，宜用隧道。

3）受城镇地下通道条件限制或交通流量较大的道路下，与较多电缆沿同一路径有非高温的水、气和通信电缆管线共同配置时，可在公用性隧道中敷设电缆。

（8）垂直走向的电缆，宜沿墙、柱敷设，当数量较多，或含有35kV以上高压电缆时，应采用竖井。

（9）在控制室、继电保护室等有多根电缆汇聚的下部，应设有电缆夹层。电缆数量较少的情况，也可采用有活动盖板的电缆层。

（10）在地下水位较高的地方、化学腐蚀液体溢流的场所，厂房内应采用支持式架空敷设。建筑物或厂区不适于地下敷设时，可用架空敷设。

1）明敷又不宜用支持式架空敷设的地方，可采用悬挂式架空敷设。

2）通过河流、水库的电缆，未有条件利用桥梁、堤坝敷设时，可采取水下敷设。

（二）电缆直埋敷设于地中

（1）直埋敷设电缆的路径选择，宜符合下列规定：

1）避开含有酸、碱强腐蚀或杂散电流电化学腐蚀严重影响的地段。

2）未有防护措施时，避开白蚁危害地带、热源影响和易遭外力损伤的区段。

（2）直埋敷设电缆方式，应满足下列要求：

1）电缆应敷设在壕沟里，沿电缆全长的上、下紧邻侧铺以厚度不少于 100mm 的软土或砂层。

2）沿电缆全长应覆盖宽度不小于电缆两侧各 50mm 的保护板，保护板宜用混凝土制作。

3）位于城镇道路等开挖较频繁的地方，可在保护板上层铺以醒目的标志带。

4）位于城郊或空地旷带，沿电缆路径的直线间隔约 100m、转弯处或接头部位，应竖立明显的方位标志或标桩。

（3）直埋敷设于非冻土地区时，电缆埋置深度应符合下列规定：

1）电缆外皮至地下构筑物基础，不得小于 0.3m。

2）电缆外皮至地面深度，不得小于 0.7m；当位于车行道或耕地下时，应适当加深，且不宜小于 1m。

（4）直埋敷设于冻土地区时，宜埋入冻土层以下，当无法深埋时可在土壤排水性好的干燥冻土层或回填土中埋设，也可采取其他防止电缆受到损伤的措施。

（5）直埋敷设的电缆，严禁位于地下管道的正上方或下方。电缆与电缆或管道、道路、构筑物等相互间容许最小距离，应符合表 10-8 的要求。

表 10-8　　　　电缆与电缆或管道、道路、构筑物等相互间容许最小距离　　　　（m）

电缆直埋敷设时的配置情况		平行	交叉
控制电缆之间		—	0.5*
电力电缆之间或与控制电缆之间	10kV 及以下动力电缆	0.1	0.5*
	10kV 以上动力电缆	0.25**	0.5*
不同部门使用的电缆		0.5**	0.5*
电缆与地下管沟	热力管沟	2***	0.5*
	油管或易燃气管道	1	0.5*
	其他管道	0.5	0.5*
电缆与铁路	非直流电气化铁路路轨	3	1.0
	直流电气化铁路路轨	10	1.0
电缆与建筑物基础		0.6***	—
电缆与公路边		1.0***	—
电缆与排水沟		1.0***	—
电缆与树木的主干		0.7	—
电缆与 1kV 以下架空线电杆		1.0***	—
电缆与 1kV 以上线塔基础		4.0***	—

*　　用隔板分隔或电缆穿管时可为 0.25m。

**　　用隔板分隔或电缆穿管时可为 0.1m。

***　　特殊情况可酌减且最多减少一半值。

（6）直埋敷设的电缆与铁路、公路或街道交叉时，应穿于保护管，且保护范围超出路基、街道路面两边以及排水沟边 0.5m 以上。

（7）直埋敷设的电缆引入构筑物，在贯穿墙孔处应设置保护管，且对管口实施阻水堵塞。

（8）直埋敷设电缆的接头配置，应符合下列规定：

1）接头与邻近电缆的净距，不得小于 0.25m。

2）并列电缆的接头位置宜相互错开，且不小于 0.5m 的净距。

3）斜坡地形处的接头安置，应呈水平状。

4）对重要回路的电缆接头，宜在其两侧约 1000mm 开始的局部段，按留有备用量方式敷设电缆。

（9）直埋敷设电缆在采取特殊换土回填时，回填土的土质应对电缆外护套无腐蚀性。

（三）敷设于保护管中

（1）电缆保护管必须是内壁光滑无毛刺。保护管的选择，应满足使用条件所需的机械强度和耐久性，且符合下列基本要求：

1）需穿管来抑制电气干扰的控制电缆，应采用钢管。

2）交流单相电缆以单根穿管时，不得用未分隔磁路的钢管。

（2）部分或全部露出在空气中的电缆保护管选择，应遵守下列规定：

1）防火或机械性要求高的场所，宜用钢质管。且应采取涂漆或镀锌包塑等适合环境耐久要求的防腐处理。

2）满足工程条件自熄性要求时，可用难燃型塑料管。部分埋入混凝土中等需有耐冲击的使用场所，塑料管应具备相应承压能力，且宜用可挠性的塑料管。

（3）地中埋设的保护管，应满足埋深下的抗压要求和耐环境腐蚀性。通过不均匀沉降的回填土地段等受力较大的场所，宜用钢管。同一通道的电缆数量较多时，宜用排管。

（4）保护管管径与穿过电缆数量的选择，应符合下列规定：

1）每管宜只穿 1 根电缆。除发电厂、高压变电所等重要性场所外，对一台电动机所有回路或同一设备的低压电动机所有回路，可在每管合穿不多于 3 根电力电缆或多根控制电缆。

2）管的内径，不宜小于电缆外径或多根电缆包络外径的 1.5 倍。排管的管孔内径，还不宜小于 75mm。

（5）单根保护管使用时，应符合下列规定：

1）每根管路不宜超过 4 个弯头；直角弯不宜多于 3 个。

2）地中埋管，距地面深度不宜小于 0.5m；与铁路交叉处距路基，不宜小于 1m；距排水沟底不宜小于 0.5m。

3）并列管之间宜有不小于 20mm 的空隙。

（6）使用排管时，应符合下列规定：

1）管孔数宜按发展预留适当备用。

2）缆芯工作温度相差大的电缆，宜分别配置于适当间距的不同排管组。

3）管路顶部土壤覆盖厚度不宜小于 0.5m。

4）管路应置于经整平夯实土层且有足以保持连续平直的垫块上；纵向排水坡度不宜小于 0.2%。

5）管路纵向连接处的弯曲度，应符合牵引电缆时不致损伤的要求。

6）管孔端口应有防止损伤电缆的处理。

（7）较长电缆管路中的下列部位，应设有工作井：

1）电缆牵引张力限制的间距处。其最大间距，可按本规范附录 F 确定。

2）电缆分支、接头处。

3）管路方向较大改变或电缆从排管转入直埋处。

4）管路坡度较大且需防止电缆滑落的必要加强固定处。

（四）敷设于电缆构筑物中

（1）电缆构筑物的高、宽尺寸，应符合下列规定：

1）隧道、工作井的净高，不宜小于 1900mm；与其他沟道交叉的局部段净高，不得小于 1400mm。

2）电缆夹层的净高，不得小于 2000mm，但不宜大于 3000mm。

3）电缆沟、隧道中通道的净宽，不宜小于表 10-9 所列值。

表 10-9　　　　　　　电缆沟、隧道中通道净宽允许最小值　　　　　　　（mm）

电缆支架配置及其通道特征	电缆沟沟深			电缆隧道
	≤600	600～1000	≥1000	
两侧支架间净通道	300	500	700	1000
单列支架与壁间通道	300	450	600	900

注　在 110kV 及以上高压电缆接头中心两侧 3000mm 局部范围，通道净宽不宜小于 1500mm。

（2）电缆支架的层间垂直距离，应满足电缆能方便地敷设和固定，且在多根电缆同置于一层支架上时，有更换或增设任一电缆的可能。电缆支架层间垂直距离宜符合表 10-10 所列数值。

表 10-10　　　　　　　电缆支架层间垂直距离的允许最小值　　　　　　　（mm）

电缆电压级和类型、敷设特征		普通支架、吊架	桥架
控制电缆明敷		120	200
电力电缆明敷	10kV 及以下，但 6～10kV 交联聚乙烯电缆除外	150～200	250
	6～10kV 交联聚乙烯	200～250	300
	35kV 单芯	250	300
	110kV，每层 1 根		
	35kV 三芯	300	350
	110～220kV，每层 1 根以上		
电缆敷设在槽盒中		$h+80$	$h+100$

注　h 表示槽盒外壳高度。

（3）水平敷设情况下电缆支架的最上层、最下层布置尺寸，应符合下列规定：

1）最上层支架距构筑物顶板或梁底的净距允许最小值，应满足电缆引接至上侧柜盘时的允许弯曲半径要求，且不宜小于按表10-10所列数再加80～150mm的和值。

2）最上层支架距其他设备装置的净距，不得小于300mm；当无法满足时应设置防护板。

3）最下层支架距地坪、沟道底部的净距，不宜小于表10-11所列值。

表10-11　　　　　最下层电缆支架距地坪、沟道底部的允许最小净距　　　　　（mm）

电缆敷设场所及其特征		垂直净距
电缆沟		50～100
隧　道		100～150
电缆夹层	除下项外的情况	200
	至少在一侧不小于800mm宽通道处	1400
公共廊道中电缆支架未有围栏防护		1500～2000
厂房内		2000
厂房外	无车辆通过	2500
	有汽车通过	4500

（4）电缆构筑物应满足防止外部进水、渗水的要求，且符合下列规定：

1）对电缆沟或隧道底部低于地下水位、电缆沟与工业水沟并行邻近、隧道与工业水管沟交叉的情况，宜加强电缆构筑物防水处理。

2）电缆沟与工业水管、沟交叉时，应使电缆沟位于工业水管沟的上方。

3）在不影响厂区排水情况下，厂区户外电缆沟的沟壁宜稍高出地坪。

（5）电缆构筑物应能实现排水畅通，且符合下列规定：

1）电缆沟、隧道的纵向排水坡度，不得小于0.5％。

2）沿排水方向适当距离宜设集水井及其泄水系统，必要时实施机械排水。

3）隧道底部沿纵向宜设泄水边沟。

（6）电缆沟沟壁、盖板及其材质构成，应满足可能承受荷载和适合环境耐久的要求。可开启的沟盖板的单块质量，不宜超过50kg。

（7）电缆隧道应每隔不大于75m距离设安全孔（人孔）；安全孔距隧道的首末端不宜超过5m。安全孔直径不得小于700mm，厂区内的安全孔宜设置固定式爬梯。

（8）高差地段的电缆隧道中通道不宜呈阶梯状；纵向坡度不宜大于15°。电缆接头不宜安设在倾斜位置上。

（9）电缆隧道宜采取自然通风。当有较多电缆缆芯工作温度持续达到70℃以上或其他影响环境温度显著升高时，可装设机械通风；但机械通风装置应在一旦出现火灾时能可靠地自动关闭。长距离的隧道，宜适当分区段实行相互独立的通风。

（10）非拆卸式电缆竖井中，应有容纳供人上下的活动空间，且应符合下列规定：

1）未超过5m高时，可设爬梯且活动空间不应小于800mm×800mm。

2）超过 5m 高时，宜有楼梯，且每隔 3m 左右有楼梯平台。

3）超过 20m 高且电缆数量多或重要性要求较高时，可设简易式电梯。

（五）敷设于其他公用设施中

（1）通过木质构造桥梁、码头、栈道等公用构筑物，用于重要性木质建筑设施的非矿物绝缘电缆，应敷设于不燃性的管或槽盒中。

（2）交通桥梁上、隧洞中或地下商场等公共设施的电缆，应有防止电缆着火危害、避免外力损伤的可靠措施，且应符合下列规定：

1）电缆不得明敷在通行的路面上。

2）自容式充油电缆应埋砂敷设。

3）非矿物绝缘电缆用在未有封闭式通道的情况，宜敷设在不燃性的管或槽盒中。

（3）公路、铁道桥梁上的电缆，应考虑振动、热伸缩以及风力影响下防止金属套长期应力疲劳导致断裂的措施，且应符合下列规定：

1）桥墩两端和伸缩缝处，电缆应充分松弛。当桥梁中有挠角部位时，宜设电缆迂回补偿装置。

（2）35kV 以上大截面电缆宜以蛇形敷设。

3）经常受到振动的直线敷设电缆，应设置橡胶、砂袋等弹性衬垫。

（六）敷设于水下

（1）水下电缆路径选择，应满足电缆不易受机械性损伤、能实施可靠防护、敷设作业方便、经济合理等要求，且符合下列规定：

1）电缆宜敷设在河床稳定、流速较缓、岸边不易被冲刷、海底无石山或沉船等障碍、少有沉锚和拖网渔船活动的水域。

2）电缆不宜敷设在码头、渡口、水工构筑物近旁、疏浚挖泥区和规划筑港地带。

（2）水下电缆不得悬空于水中，应埋设于水底。在通航水道等需防范外部机械力损伤的水域，电缆应埋置于水底适当深度，并加以稳固覆盖保护；浅水区埋深不宜小于 0.5m，深水航道的埋深不宜小于 2m。

（3）水下电缆相互间严禁交叉、重叠。相邻的电缆应保持足够的安全间距，且符合下列规定：

1）主航道内，电缆相互间距不宜小于平均最大水深的 1.2 倍。引至岸边间距可适当缩小。

2）在非通航的流速未超过 1m/s 的小河中，同回路单芯电缆相互间距不得小于 0.5m，不同回路电缆间距不得小于 5m。

3）除 1）、2）项情况外，应按水的流速和电缆埋深等因素确定。

（4）水下的电缆与工业管道之间水平距离，不宜小于 50m；受条件限制时，不得小于 15m。

（5）水下电缆引至岸上的区段，应有适合敷设条件的防护措施，且符合下列规定：

1）岸边稳定时，应采用保护管、沟槽敷设电缆，必要时可设置工作井连接，管沟下端宜置于最低水位下不小于 1m 的深处。

2）岸边未稳定时，还宜采取迂回形式敷设以预留适当备用长度的电缆。

（6）水下电缆的两岸，应设有醒目的警告标志。

第四节　电缆日常运行及维护

一、电力电缆线路的管理

（一）电力电缆线路保护区的管理

（1）地下电缆保护区为电缆线路地面标桩两侧各 0.75m 所形成的两平行线内的区域。

（2）在电缆线路保护区内，禁止进行临时性建筑或修建仓库，必须修建时，应采取有效的防护措施。

（3）在直埋电缆线路保护区内，禁止重型机械或重型汽车在非道路电缆线路保护区内作业或通过。

（4）在直埋电缆线路保护区内，禁止堆放下列物品：

1）易燃、易爆品。

2）对电缆有害的腐蚀品。

3）临时加热器具。

4）建筑器材、钢锭等重型物品。

5）积土、垃圾等杂物。

（二）电缆标志的管理

（1）电力电缆室内、外终端头要有与母线一致的黄、绿、红三色相序标志。

（2）电缆沟、井、隧道及变电所、配电室的出入口电缆，需要明显的标志。

（3）直埋电缆线路在拐弯点、中间接头等处需埋设标桩或标志牌。

（4）电缆通过墙壁、建筑物等应涂刷红色标记，电缆房应有明显的标志牌。

（5）电缆标志牌一般应注明以下内容：

1）电缆线路的名称、号码。

2）电缆的根数、型号、长度。

3）穿越障碍物用的红色"电缆"标志牌。

（三）电缆缺陷的管理

（1）缺陷分为一般缺陷、重大缺陷和危急缺陷。

1）一般缺陷指对安全运行影响不大的缺陷。

2）重大缺陷指已威胁安全运行但不会立即造成事故和设备损坏的缺陷。

3）危急缺陷指随时可能发生设备事故或人身事故的缺陷。

（2）凡电缆线路存在下列情况之一，即认为电缆线路存在缺陷：

1）不符合"规程"及现场运行规程的规定，达不到规范的要求。

2）未按期进行检修和试验；标志、编号不全或不清。

3）欠缺重要的图纸资料。

（3）巡视人员、变电值班员、用户发现电缆线路存在缺陷，应及时通报电缆管理部门，电缆管理部门应及时记入电缆线路缺陷记录本。

1）电缆管理部门接到电缆线路缺陷通知后，应认真分析缺陷的性质。确定缺陷属一般缺陷、重大缺陷还是危急缺陷。

2）缺陷处理规定如下：

a. 对于一般缺陷，电缆管理部门及时制定消缺对策，安排消缺计划，通知检修部门根据停电计划和实际情况进行消缺，一般缺陷处理原则上不超过三个月。

b. 对于不能确定性质或危及安全的重大缺陷，电缆管理部门应及时上报上级管理部门，请上级管理部门安排停电消缺，重大缺陷处理不超过一个月。

c. 危急缺陷要立即安排处理。缺陷消除后，检修部门应做好消缺记录。

d. 一般缺陷的消除情况及消缺质量，检修部门应及时上报电缆管理部门；重大缺陷、危急缺陷消除情况及消缺质量，还应上报上一级管理部门。

e. 已处理的缺陷，如在六个月内再次发生，属于检修质量问题，应对检修部门进行考核。

（4）电缆备品的管理。

1）电缆备品应储存在交通方便、易于存取的干燥处所。

2）电缆盘不允许平卧放置。

3）永久性的电缆储存场所，应设有防火材料搭盖的遮棚。

4）电缆备品应按不同型号与规格分别放置，并在电缆盘上标明其详细、准确的额定数据。

5）电缆备品必须经过耐压（同时记录泄漏电流）试验合格后方可使用。

6）制作电缆三头用的各种绝缘材料，经验收试验合格后，应密封保存，不得任意启封。

7）电缆运行、维护单位对统一规格的电缆或附件，最少应具有下列数量的备品：

a. 电缆线路总长为 10km 以下时，备品应达到总长的 0.5％。

b. 电缆线路总长为 10～50km 时，备品应达到总长的 0.25％～0.5％。

c. 电缆在排管内敷设时，应按电缆最长距离储备。

d. 各种型号的电缆三头附件，最少应备有两套。

二、电力电缆线路的运行维护

（一）电缆保护区的检查内容

（1）电缆线路的标志、符号是否完整。

（2）外露电缆是否有下沉及被砸伤的危险。

（3）电缆线路与铁路、公路及排水沟交叉处有无缺陷。

（4）电缆保护区的内的土壤、构筑物有无下沉现象、电缆有无外露。

（5）与电缆线路交叉、并行电气机车路轨的电气连接是否良好。

（6）有可能受机械或人为损伤的地方有无保护装置。

（二）电缆井、沟、隧道的检查内容

（1）电缆井、沟盖是否丢失或损坏，电缆井是否被杂物压上。

（2）电缆井、沟、隧道是否有积水、可燃气体、有毒气体或其他异常变化。

（3）电缆井、沟、隧道内的中间接头是否有损伤或变形。

（4）电缆本身的标志是否脱落损失。

（5）电缆井、沟、隧道里的空气及电缆本身的温度是否有异常。

（6）电缆及电缆头是否有损伤，铅套或钢带是否松弛、受拉力或悬浮摆动。

（7）电缆井、沟、隧道内电缆支架是否牢固。

（8）清洁状态如何。

（三）电缆及三头的检查内容

（1）裸露电缆的外护套、裸钢带、中间头、户外头有无损伤或锈蚀。

（2）户外头密封性能是否良好。

（3）户外头的接线端子、地线的连接是否牢固。

（4）终端头的引线有无爬电痕迹，对地距离是否充足。

（5）电缆垂直部分是否有干枯现象。

（6）电缆附件是否有渗油、漏气现象，油、气压是否合格。

（7）变电所、用户的电缆出、入口密度是否合格。

（8）对并列运行的电缆，在验电确认安全的情况下，应用手分别触摸电缆检查温度，当差别较大时，应用卡流表测量电流分布情况。

（9）风暴、雷雨或线路自动跳闸时，应做特殊检查，必要时应进行寻线。

（四）其他检查内容

（1）通过桥梁的电缆是否拉的过紧，保护管或槽有无脱开或锈烂现象。

（2）安装有保护器的单芯电缆是否出现阀片或球间隙击穿或烧熔现象。

（3）户外与架空电缆和终端头是否完整，引出线的接点有无发热现象和电缆铅包龟裂漏油，靠近地面电缆是否被撞碰等。

（4）充油电缆油压是否正常，无论其是否投入运行。并注意与构架绝缘部分的零件有无放电现象。

（5）检查电缆户内、户外及避雷器相间、对地距离是否合格。

（6）检查电缆分支箱有无放电声、是否锈蚀、绝缘气体压力是否合格。

（五）电缆线路的监护

（1）电缆线路的事故，多数是由于外力机械的损坏而造成。为了防止电缆线路的外力损坏，必须重视挖掘监护工作。

（2）经运行部门同意在电缆线路保护范围内进行施工的工程，由运行部门通知运行班组派人到现场监护。监护人员应向施工单位介绍电缆线路的走廊、走向、埋设深度等。并按电缆线路的装置要求，指导施工人员做好电缆线路的临时保护措施。

（3）未经运行部门同意在线路保护范围内进行施工的工程，巡视人员应立即制止施工部门的施工，并上报运行部门。对情节严重者和已造成经济损失的，运行部门应对施工现场进行拍照记录，立即采取应急措施保护电缆。并根据《中华人民共和国电力法》和《电力设施保护条例》，向施工单位发出《处罚通知书》或《赔偿通知书》，要求施工单位赔偿，并依法追究施工单位的责任。

（4）经运行部门同意必须挖掘而暴露的运行中的电缆，应加护罩，并派人在现场监护。监护人员在施工过程中不得离开现场。施工完毕，监护人员应认真检查电缆外观是否完好，放置位置是否正确并做好挖掘监护记录，待回填完毕后方可离开现场，如发现有电缆损伤，应及时处理。

（5）监护人员应会同资料员根据现场情况及时更改电缆线路图纸。

（六）电缆线路的检查周期

电缆巡视应由专人负责，并根据具体情况制定电缆线路的巡视周期、检查项目，较大的电缆网络还可分块，配备充足的人员进行巡视工作。

（七）电缆线路的防腐与清扫

所有裸露的电缆设备，均要根据其锈蚀程度、清洁状况，进行适当的防腐与清扫。

（八）电缆线路的温度监视

（1）电缆表面及其周围温度，应定期检查并记录。

（2）直接埋在地下的电缆，测量同地段的土壤温度，热偶温度计的装置点与电缆间的距离小于 3m，离测试点 3m 半径范围内无其他热源。并且应选择电缆排列最密集或散热情况最坏处测量。

（3）测量电缆温度时，须测量同地段土壤温度及当时的大气温度，计算月土壤平均温度、空气平均温度，并绘制年度土壤、空气温度曲线。

（4）直接埋设的电缆，在夏季要加强温度监视，测量温度应在负荷最大时进行。

（5）当测得电缆温度不正常或超过允许温度时，必须绘制温度及负荷变化曲线，分析其原因，并采取适当措施。

（九）电缆线路最大允许负荷的确定

（1）电缆的最大允许负荷与敷设方式、周围环境（如直埋、空气中敷设、并列敷设、热阻变化等）等有关条件。

（2）每一路电缆均应按电缆允许温度及散热最坏地段来确定最大允许电流。

（3）敷设在土壤中、空气中的各种电力电缆的长期允许载流量不应超过正常允许载流量。

（4）当电缆周围介质与环境不同于标准状况时，其长期允许载流量应进行修正。

（5）当电缆线路经过多种不同环境时，其长期允许载流量应根据条件最坏的一段计算。但此段的长度不得少于 10m。

（6）在事故状态，电缆允许短时间过负荷，但应遵守下列规定。

1）3kV 以下，允许过负荷 10%，连接 2h。

2）6～10kV，允许过负荷 15%，连接 2h。

3）间断性的过负荷，必须在前一次过负荷 10～24h 以后才允许再过负荷。

（十）电缆线路的电流监视

（1）由变电站引出的输配电缆，应装有配电盘式电流表，并根据现场运行条件，确定冬、夏季允许电流。

（2）电缆维护技术员与线路检查员，应定期向变电所了解电缆负荷情况，并作记录。

（3）电缆实用负荷如超过允许连续最大负荷时，应立即向有关人员汇报，分析原因，采取必要的措施。

（4）备用或暂时不使用的电缆线路，应接在电力系统上加以充电（热备用），其继电保护调整到无时限动作位置。

 思考题

1. 电缆额定电压等级有哪些？

2. 电缆绝缘材料有哪些？

3. 电缆使用条件有哪些？

4. 电缆绝缘水平如何选择？

5. 电缆终端如何选择？

6. 简述电缆内屏蔽层的作用。

7. 简述电缆外屏蔽层的作用。

8. 电缆头安装的基本要求是什么？

9. 简述电缆头安装的基本工艺要求。

10. 简述电缆中间头安装的方法。

11. 电缆敷设方式如何选择？

12. 电缆井、沟、隧道的检查内容有哪些？

13. 电缆线路温度监护有哪些要求？

14. 电缆线路最大允许负荷如何确定？

第十一章

柴 油 发 电 机

第一节 柴油发电机组简介

一、柴油发电机介绍

柴油发电机是发动机驱动发电机运转，将柴油的能量转化为电能，根据其用途的不同，可分为陆用柴油发电机组及船用柴油发电机组；如果按品牌的不同，可分为国产柴油发电机组和进口柴油发电机组；按转速不同，可分为低速发电机组和高速发电机组。

柴油发电机是火力发电厂非常重要的后备应急保安电源，如由恶劣自然环境因素影响、火力发电厂事故或其他因素导致火力发电厂厂用电全部失去紧急情况下，需立即启动柴油发电机为机组提供厂用电，保障机组安全可靠停机，避免火电厂重大设备损坏安全风险和经济损失。

二、柴油发电机组的安全使用规则

（一）注意触电危险

机组必须可靠接地，必须使用绝缘工具进行带电设备的检修，在潮湿的环境下更要注意触电危险。遵守所有的电气规定，设备的电气部分安装和检修必须由具备资格的专业电气人员进行。

（二）废气有毒

应该有合适的废气排出系统，保证发动机的废气完全排出室外，要经常检查废气排出系统有无漏气。当发电机房内有废气时，应先开门窗排出废气再进屋，以防废气中的一氧化碳使人中毒。

（三）运行安全

（1）不要在有爆炸物危险的地方使用发电机组。

（2）靠近运转的发动机很危险。宽松的衣服、头发和坠落的工具会造成人身及设备的重大事故。

（3）运行中的发电机组，部分裸露的管道和部件处于高温状态，要防止触摸灼伤。

（四）火灾预防

（1）金属物品将导致电线短路，可引发火灾发生。

（2）发动机要保持清洁，过量的油污有可能引发机体过热而造成损坏及火灾发生。

（3）要在发电机房内方便的地方放置数个干粉或 CO_2 气体灭火器。

（五）铅酸蓄电池使用安全

（1）铅酸蓄电池的稀硫酸电解液有毒并具有腐蚀性，接触到皮肤会造成灼伤，应立即用清水冲洗。

（2）如果电解液溅入眼睛，要立即用大量洁净水冲洗并去医院治疗。

（3）蓄电池在使用过程中会释放爆炸性气体，要保证室内通风良好并禁止明火靠近。

（六）启动安全

在极寒冷的环境下，启动发电机组需要预热装置，千万不能用明火烘烤机体，蓄电池电解液温度最好保持在10℃以上，才能使蓄电池提供足够的电力。

第二节 柴油发电机组的结构

柴油发电机组由柴油机、发电机、控制系统（控制箱或者控制屏）三大部件组成，对采用闭式循环水冷却的机组还必须有散热水箱，这些部件一般都安装在一个公共底盘上，整个发电机组形成一个整体，便于移动和安装。

柴油机的飞轮壳与发电机采用凸肩定位构成一体，柴油机对发动机转子的驱动连接现在有两种方式：

（1）弹性联轴器：弹性联轴器与发电机轴配合，其柱销与柴油机的飞轮相连。发电机为双支撑发电机，如图11-1所示。

（2）SAE连接：柴油机、发电机都贯彻了国际通用的SAE标准，发电机轴上安装了盘式联轴器，（又称为钢片联轴器，一般由3～4片钢片组成）。发电机为单支撑发电机，如图11-2所示。

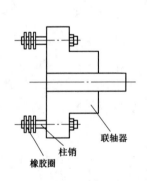

图11-1 弹性联轴器示意图

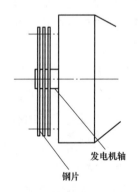

图11-2 SAE连接示意图

柴油机冷却系统采用的风扇、散热水箱、机油冷却器都安装在柴油机前端，风扇为吹风式。控制系统一般为控制箱，通过减振器安装在发电机接线箱上，各电气仪表、信号灯、电气控制开关安装在控制箱面板上，这种结构形式称为"一体式"。与此相区别，有些大功率发电机组或者需要隔室操作的机组，其控制系统往往是落地式的控制屏，这种结构形式的机组称为"分开式"。

第三节　柴油发电机组的工作原理

柴油发电机组包括柴油机、发电机、控制系统三个部分，从能量转换的角度来分析，柴油机将柴油燃烧产生的热能转换为机械能，从而带动发电机转子转动。发电机将柴油机输出的机械能，通过电磁感应转换为电能输出。控制系统对发电机输出的电能进行监测、控制、分配，保证柴油机、发电机的正常运行。

一、交流发电机

（一）交流发电机的工作原理

交流发电机由电枢线圈（定子）和励磁线圈（转子）两部分组成，如果在励磁线圈中间通过直流电，就会产生一个电磁场，如果励磁线圈不断转动，这个电磁场就形成了一个旋转磁场，根据电磁感应定律，导体和磁场发生相互切割，就会产生感应电动势，因此发电机中的旋转磁场和电枢线圈相互切割，在发电机的电枢线圈就会有感应电动势产生。

根据电机学，发电机产生的电动势为：

$$E = C_e \times \Phi \times n$$

式中　Φ——发电机内的磁通；

　　　n——发电机转速，r/min；

　　　C_e——和发电机的特性、结构、材料有关的一个常数。

可见，感应电动势的大小和磁通成正比，和发电机的转速成正比。一般都是通过调节发电机的励磁电流，改变磁通大小，就可以调节发电机的感应电动势，从而调节发电机的输出电压。发电机的 AVR 装置就是通过自动调节励磁电流来稳定发电机的输出电压。

（二）交流无刷发电机

现在国外都是生产交流无刷发电机。顾名思义，"无刷"就是这种发电机没有电刷和集电环。无刷发电机的结构不同于其他各种有刷的交流同步发电机。它是由主发电机、励磁发电机及旋转整流器组成。主发电机的励磁由励磁发电机产生的交流电，经过旋转整流器进行三相桥式整流后变成直流电，直接输入主发电机的励磁绕组（转子绕组）。使主发电机能够发电，原理如图 11-3 所示。

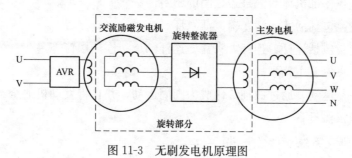

图 11-3　无刷发电机原理图

励磁发电机与一般的交流发电机结构有所不同，其定子为励磁绕组，转子为电枢绕组，因而可以将励磁发电机的电枢绕组、旋转整流器及主发电机的励磁绕组（转子绕组）三者共同安装在一个公共轴上，这样就可以改变传统的励磁电流由电刷和集电环紧密接触输入转子绕组的励磁方式。进一步提高了发电机运行的可靠性，获得了比较好的电气性能。

二、发动机—柴油机

（一）四冲程柴油机工作原理

四冲程柴油机工作原理示意图如图 11-4 所示，具体说明如下：

（1）吸气冲程：进气门打开，活塞从上止点往下行，汽缸体积增大。

（2）压缩冲程：进气、排气门关闭，活塞从下止点往上行，汽缸体积减少。

（3）工作冲程：进气、排气门关闭，柴油以雾状喷入，在高温高压的作用下自燃，活塞从上止点往下行，通过连杆带动曲轴转动。

（4）排气冲程：排气门打开，活塞从下止点往上行，燃烧后的废气被活塞推挤排出。

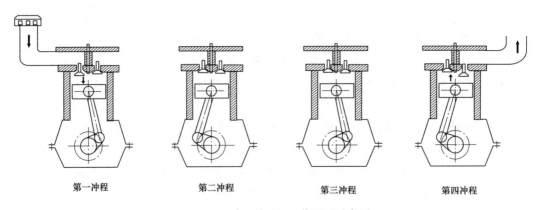

第一冲程　　　　　第二冲程　　　　　第三冲程　　　　　第四冲程

图 11-4　四冲程柴油机工作原理示意图

（二）柴油机的构造

（1）机体：其他各部件都安装在其上面，用灰铸铁制造。

（2）汽缸套：用优质钢制造，圆筒形，压入汽缸，内表面粗糙度要求很高。

（3）汽缸盖：盖住气缸，和活塞、汽缸套组成燃烧室。

（4）汽缸垫：保证机体与汽缸盖之间的密封性。

（5）活塞组：包括活塞、活塞销、活塞环。

（6）连杆组：包括连杆、连杆大头盖、连杆轴承、连杆螺钉等。

（7）曲轴、飞轮、主轴承。

把活塞的往复运动，通过曲轴转化成为圆周运动，并且将发动机的全部功率通过飞轮输出，带动其他机械设备。

（三）进、排气系统和配气机构

（1）进气系统：包括空气滤清器、进气管、机体里面的进气通道。

（2）排气系统：包括排气管、消声器、机体里面的排气通道。

（3）配气机构：根据柴油机各个汽缸的工作循环的要求，按时开启和关闭进、排气阀门。对配气机构的要求是将废气排出干净，让尽量多的新鲜空气进入汽缸。

在进排气系统中，往往包含增压器、中冷器等。进排气系统示意图如图11-5所示。

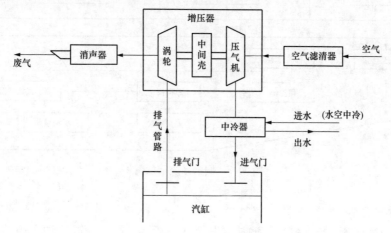

图11-5　进、排气系统示意图

（四）冷却系统

（1）冷却方法：水冷和风冷。

（2）水冷冷却系统主要组成：水箱、冷却水泵、冷却水套、风扇、节温器。

冷却水应该是清洁的软水，冷却水系统示意图如图11-6所示。

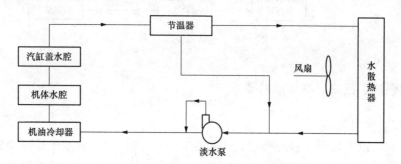

图11-6　冷却水系统示意图

当冷却液温度小于90℃时，节温器关闭，冷却液在机体内进行小循环；当冷却液温度大于90℃时，节温器打开，冷却液流入散热器进行大循环。

（五）润滑系统

（1）润滑的作用：润滑、冷却、清洗、密封。

（2）润滑的方法：飞溅法、压力法（复合）。

润滑油一般由机油泵从油底壳内吸取，经过机油冷却器和机油滤清器进入主油道，然后进入各运动部件。润滑系统如图11-7所示。

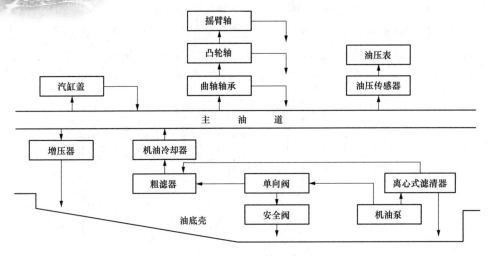

图 11-7　润滑系统示意图

（六）供油系统

燃油箱→燃油滤清器（粗）→输油泵→燃油滤清器（细）→高压油泵→喷油器。多余的燃油，经过回油管回到燃油箱。供油系统如图 11-8 所示。

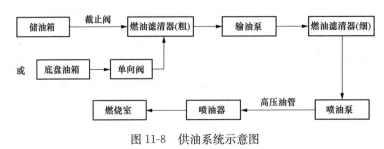

图 11-8　供油系统示意图

三、对燃油、机油、冷却水的要求

（一）对燃油的要求

气温在 15℃以上采用 0 号轻柴油，气温在 0～15℃时，采用−10 号轻柴油，气温在−10～0℃时，采用−20 号轻柴油；气温在−20～−10℃时采用−35 号轻柴油。使用前柴油要进过严格的过滤，并经过 3～7 天的沉淀，吸取上层燃油（无水，无杂质）。

（二）对机油的要求

品质等级：CF。

黏度：SAE　15W/40。

（三）对冷却水的要求

汽缸内的水道很窄，应用清洁的软水，雨水、自来水等经煮沸沉淀后方可使用。

冬季气温较低时，把冷却水加热 80～90℃再加入水箱以帮助启动。严冬闭式冷却系统还可将防冻剂加入冷却系统中，防冻剂的配制是乙二醇（甘醇）和水按比例做成，防冻液浓度 40％～68％。亦可直接向商家购买。

第四节　柴油发电机组的分类

一、按照发电机组的功率

（1）小功率机组：三相 5～30kW。

（2）中等功率机组：三相 40～400kW。

（3）大功率机组：三相 500kW 以上。

二、按照发电机组的用途

（1）固定式：固定式又分为陆用和船用两大类。

（2）移动式：有汽车电站、拖车电站、方舱电站。

（3）低噪声电站：噪声小于 85dB、80dB、75dB。

三、按照发电机组的性能

柴油发电机组执行的国家标准：

（1）GB/T 2820—1997《往复式内燃机驱动的交流发电机组》。

（2）JB/T 10303—2001《工频柴油发电机组技术条件》。

根据国家标准，250kW 以下的机组，其电性能指标可分为Ⅰ类、Ⅱ类、Ⅲ类、Ⅳ四类，见表 11-1。

表 11-1　　　　　　　　　　柴油发电机组性能指标分类

指标	电　压				频　率			
	δ_u（%）	δ_{us}（%）	t_u（s）	δ_{ub}（%）	δ_f（%）	δ_{fs}（%）	T_f	δ_{fb}（%）
Ⅰ	+1	+15	1	0.5	1	3	1	0.5
Ⅱ	+2	+20	1.5	0.5	3	5	1.5	1
Ⅲ	+3	+20	1.5	1	5	7	1.5	1
Ⅳ	+5							

稳态电压调整率：$\delta_u = (U_1 - U)/U \times 100\%$

稳态频率调整率：$\delta_f = (f_1 - f_0)/f \times 100\%$

瞬态电压调整率：$\delta_{us} = (U_s - U)/U \times 100\%$

瞬态频率调整率：$\delta_{fs} = (f_s - f_1)/f \times 100\%$

电压的稳定主要取决于发电机的励磁系统，频率的稳定主要取决于柴油机的供油系统。

四、按照发电机组的功能

（1）普通型：具备手动控制的柴油发电机的基本功能。

（2）自动化型：具备自动化功能，按照国家标准可以分成 1、2、3 级。

（3）智能型：除了具备自动化功能以外还可以和计算机通信，实现"三遥"和无人值守。

五、按照柴油机的冷却方式

（1）水冷式：用水作为冷却介质，水冷有风扇水箱冷却和热交换器冷却方式两种。另外还有采用开式冷却方式。

（2）风冷式：用空气作为冷却介质。

六、按照配套的柴油机系列

按照配套的柴油机机型可分为进口和国产机型二大类。

第五节　柴油发电机组的控制系统

一、柴油发电机组的控制系统的作用

（1）对柴油发电机组的运行进行控制（手动或自动化）。

（2）对柴油机、发电机的运行参数进行实时监测。

（3）对柴油机、发电机的运行进行必要的保护。

二、柴油发电机组的控制系统的组成

柴油发电机组控制系统的组成如图 11-9 所示。

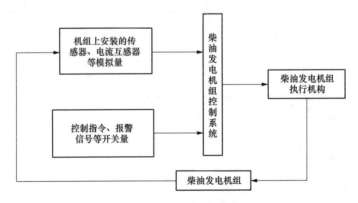

图 11-9　柴油发电机组控制系统的组成示意图

三、发电机组的功能选择

（一）普通二保护型机组

一般采用一体式结构，具备基本的启动、停机手动操作和仪表显示功能，对柴油机的水温、油压进行检测，有水温高、油压低报警和停机功能。

（二）多保护型机组

在上述基础上，增加了超速、欠速、启动失败、不发电时发出报警信号，并同时停机。当充电失败、高电池电压、低电池电压时发出报警信号，不停机。根据模块不同，还可具有手动和自动功能，可用于普通机组和一般自动化机组，如众智 HGM72 模块。

一般过载保护和短路保护是通过空气开关当中的脱扣装置来实现。

（三）自动化柴油发电机组

按照 GB 12786《自动化柴油发电机组通用技术条件》，不同等级的自动化机组其自动化功能有所不同，但都应该具有基本的自动化功能：

（1）自启动：在市电失电或者接到启动指令后，能够自动启动（允许三次启动，如果三次启动都失败，则发出启动失败报警信号）。有的机组在启动前还有自动预润滑和预热等程序。

（2）自投入：发电机组启动成功以后，自动升速到额定转速、并且起励建压，自动合闸向负载供电。市电失电后恢复向负载供电时间一般在 8～20s。

（3）自动停机：当市电恢复或者接到停机后，机组主开关分闸，进入空载冷机程序。

一般空载运行 2min 左右即自动停机并且转入待机状态。没有自投入功能的机组由人工或者 ATS（自动切换开关）完成负载切换。

（4）自动报警、保护系统。自动报警、保护的项目有：

1）水温高、油温高。

2）油压低。

3）超速（过频）。

除了上述基本功能外，还可以根据用户需要，增加以下功能：

（1）自动切换：按照需要或者接受指令将负载与市电或者机组电接通，本行业一般将自动切换开关称为 ATS。ATS 具有机械和电气连锁装置，以防止误动作。

（2）自动并车：自动控制二台或者多台发电机组并列运行。

（3）自动补给：发电机组能够对冷却水、燃油进行自动补给。

第六节　柴油发电机组的安装

一、概述

根据柴油发电机组的体积、质量、功率、使用类型，结合实际使用要求、使用地点及控制系统和配电系统等具体情况，制定柴油发电机组的安装计划和实施方案。

二、存放

为便于机组保修期限的科学计算，满足尽快投入使用和方便机组正常的维护保养，当机组到达使用场地后能立即安装调试，并安排专职人员负责机组的操作和日常维护保养等工作。

如因一些特殊原因，机组需要存放一段时间，则应视时间长短而做出合理可行的存放方案。柴油发电机组的长期存放会对柴油发动机和主交流发电机产生决定性的不利影响，而正确的存放方法是十分必要的，具体要点如下：

（1）柴油发电机组的存放应按步骤进行，包括机组全面清洁、保持机组的干燥通风、更换适当品质的新润滑油、彻底放掉水箱内的冷却液和将机组作防锈处理等。

（2）机组的存放地点应能确保不被树以及物品砸到，以免发生损坏。并杜绝易燃易爆物品放在柴油发电机组的周围，有必要预备一些消防措施，如放置 ABC 级灭火器等。

（3）为防止湿气进入主交流发电机线圈，以及最大限度地减少湿气凝结，使发电机的绝缘性能降低，甚至影响到机组的可使用性，应注意保持发电机周围环境的干燥，或采用一些特殊的措施（如利用适当的加热除湿装置等）使线圈始终保持必要的干燥。

（4）存放机组应避免过热、过冷或雨淋日晒等。

（5）经过一段时间的存放后，应注意在安装使用前首先检查该柴油发电机组是否有损坏，全面检查机组电器部分是否被氧化、所有连接部分是否有松动以及主发电机线圈是否依旧保持干燥及机体表面是否清洁干燥等，必要时应采取适当的措施予以处理。

以上内容，同样适合于机组在机房的安装，即对机房提出的最基本要求。

三、移动

柴油发电机组在运输时，应对机组进行必要的安全防护。另外，机组应牢固地固定在车厢内，以免颠簸振动导致其部件松动甚至损坏。柴油发电机组在运输过程中，禁止任何人或物放在机组上面，避免机组受压损坏。当从车辆上装卸机组时，应使用叉车或吊装设备，以避免机组倾倒或掉落地面，导致摔坏。

对于移动电站或静噪型机组等专用于特殊场合、具有特殊用途的非常规机组，移动、搬运和吊装就会容易得多了。因为这类机组均具有专门设计的方便搬运和容易安装的外壳，甚至部分类型的机组还专门安装了橡胶拖动轮。此类外壳也给机组的许多零部件提供了较好的安全保护，进一步避免机组的雨淋、日晒及运输途中的碰伤等伤害。并可防止不相干的人员随意乱动。

四、机房安装

（一）机房安装注意事项

机组安装的第一步应是选定机组的安装地点（上述存放要求，是选定机房最基本的参照要求）；通常，安装地点的选定，多数是以使用的方便性和配电连接的经济性及有利于机组的使用和保养等为依据的。但是，安装位置的选定，还应兼顾以下几个方面，这是十分重要的。

（1）确保机房进、排风顺畅，必须将散热器排出的热空气导流出机房并阻止其回流。

（2）确保机组运行时所产生的噪声和烟雾尽可能小的污染周围环境。

（3）柴油发电机组的周围应有足够的空间，以便于机组的冷却、操作和维护保养等。一般说来，至少周围 1～1.5m，上部 1.5～2m 以内不允许有任何其他物体。

（4）确保机组免受雨淋、日晒、风吹及过热、冻损等损坏。

（5）机组的周围杜绝存放易燃易爆物体。

（二）基础

用于安放和固定柴油发电机组的基础底座非常重要，它必须符合下列要求：

（1）支撑整台机组的质量和机组运行时不平衡力所产生的动态冲击负载。

（2）具有足够的刚度和稳定度，以防止变形而影响柴油发动机和主交流发电机及附件等的同轴度。

（3）吸收机组运行时所产生的振动，尽量减少振动传递给基础和墙壁等。

（4）基础应尽可能平整光滑。

（5）有条件的可预留排污槽，以便废水污油等及时流走。预留发电机配电输出电缆沟。

通常，混凝土安装基础是一种可靠简便的安装方式，混凝土标号应不低于 450 号。当浇注混凝土底座时，应确保混凝土的表面平整、没有任何损伤，建议结合使用水平仪或类似仪器进行机组及其排气系统的安装。

一般来说，柴油发电机组的混凝土平台厚度只需在 200～400mm 之间就可以了。用于制作混凝土平台的底土同样必须有足够承载强度来承受它上面的整个装置和混凝土基础的总质量。柴油发电机组机房安装如图 11-10 所示。

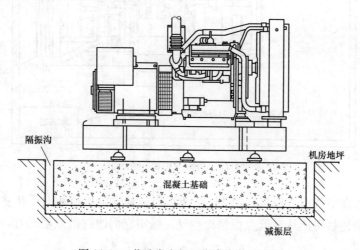

图 11-10　柴油发电机组机房安装示意图

柴油发电机组布置图如图 11-11 所示。

（三）减振

根据机组底盘上的安装孔，正确地将机组通过减振器置于平整坚固的基础上，可有效地减少机组运行时对建筑物产生的振动及冲击，排烟管通过机组成套提供的波纹减振管连接；排风道、燃油进油管、回油管、配电电缆等亦要通过柔性连接，这样才能最大限度地减少因机组运行而对周围物体产生的振动。

（四）通风

当一台带整体式散热器的机组安装在机房内时，最基本的要求是将热空气排出机房，

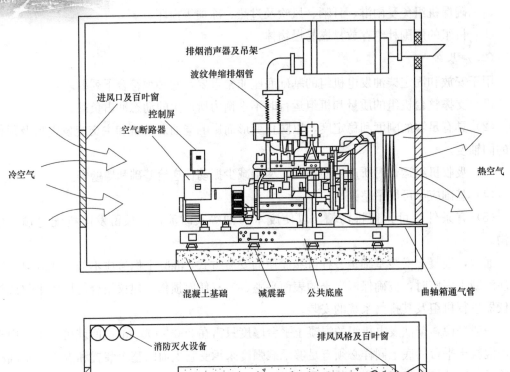

进风口及百叶窗
控制屏
空气断路器
冷空气
排烟消声器及吊架
波纹伸缩排烟管
热空气
混凝土基础　　减震器　　公共底座
曲轴箱通气管

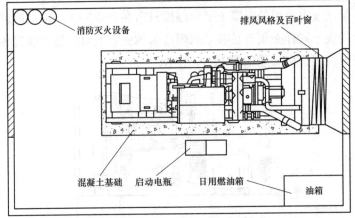

消防灭火设备
排风风格及百叶窗
混凝土基础　　启动电瓶　　日用燃油箱
油箱

图 11-11　柴油发电机组布置图

将机房外面的低温空气引入机房，图 11-12 所示为柴油发电机组相对于机房墙壁的理想位置关系。其目的是尽可能从最低点得到冷空气，强制它们通过散热器芯片，然后将它们导出机房。

可采用金属板或帆布制作一导风罩，导风罩与机组散热器的连接必须采用柔性连接，以隔断机组振动的传递，又可确保热空气很彻底地排出。且导风罩应平滑，弯度不要太小，以减少导风阻力。同样进风口的有效流通面积也应大于散热器芯正面面积的 1.25 倍。

在进风口和出风口安装的保护网、百叶窗弯度较大时，其有效的流通截面积将降低，阻力也会增加，因此，有必要进一步增大流通面积。

在一般情况下，不低于柴油机水箱风扇排出的空气量就足以满足机房的通风要求。

柴油机的进气温度应该低于 40℃。如果进气温度持续高于此值，柴油机的输出功率将会降低，因此必须及时从机房外引入新鲜空气来给柴油机提供进气。

如果柴油机配置的是一个远置式散热器，必须要考虑对机房强制通风。

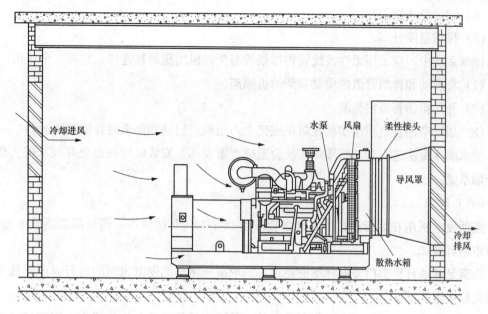

图 11-12　柴油发电机组相对于机房墙壁的理想布置图

柴油发电机组机房通风口尺寸和通风的空气量可以参考表 11-2。

表 11-2　　　　　　　　柴油发电机组机房通风口尺寸和通风的空气量

发电机组功率（kW）	进风口总截面积（m²）	辅助通风的空气量（m³/h）
5～30	≥0.5	8000
40、50	≥0.8	10000
64、75、90	≥1.5	15000
100、120、150	≥2	25000
160、200、250	≥2.5	30000
300、320、360	≥4	42000
400、500	≥6	60000

（五）排烟

柴油发电机组排烟通过与机组同规格的工业重型消声器、柔性波纹管及弯管时，还要兼顾以下几个方面：

（1）确保整个排烟背压不高于柴油机所规定的最大允许值。

（2）固定排烟系统，以使排烟歧管和涡轮增压器不受纵向压力和侧向应力。

（3）为热胀冷缩预留出升缩余地。

（4）预留机组振动的余地。

（5）降低排烟噪声。

（6）避免柴油机的排烟背压过大。

（7）输出功率损失。

（8）燃油经济性恶化。

（9）排烟温度升高。

排烟系统中，应采用柔性波纹管将排烟管与柴油机增压器软连接，它有三个作用：

（1）将震动和排烟管道的质量与柴油机隔离。

（2）补偿排烟管道热膨胀。

（3）如果柴油发电机组安装在防振底架上，当机组启动和停机时补偿侧摆运动。

雨水或冷凝水进入柴油机排烟系统会造成严重损坏。安装时应该避免有雨水进入柴油机排烟系统。

（六）降噪

柴油发电机组在运行过程中，通常会产生 90～110dB 的噪声，而且随着负载的加大，噪声也略有增加。

为满足各地环保部门降噪标准的要求，采取措施将柴油发电机组的运行噪声降低下来同样是极为重要的。

降噪应充分考虑机组正常运行所需要的最低进出风量要求、排放背压不能超过参考值等因素。否则，将会严重影响机组的功率输出，使机组机体的温升较高，使机组频繁发生故障，甚至会缩短柴油发电机组的使用寿命。

水冷发电机组机房进排风和排气降噪处理如图 11-13 所示。

（1）机组的排气涡管可以任意调节排气向。

（2）采用下排气方式降噪效果比上排气方式好，排气管对机房的辐射热会明显降低。

（3）采用下排气时，地沟要处理好排水。

（4）将燃烧废气就近引入下水管排放效果最佳。

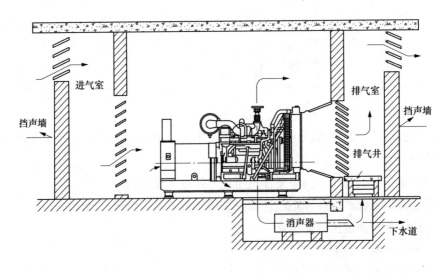

图 11-13　水冷发电机组机房进排风和排气降噪处理图

第七节　柴油发电机组的日常维护及注意事项

（一）排油路空气

（1）松开低压燃油管路的放气螺栓，反复按下输油泵按钮，直到低压油路无气泡溢出，随即拧紧放气螺栓。

（2）松开高压油管接头，启动柴油机，直到高压油管有燃油喷出。

（3）拧紧高压油管，启动柴油机，检查是否有泄漏。

排油路检查如图 11-14 所示。

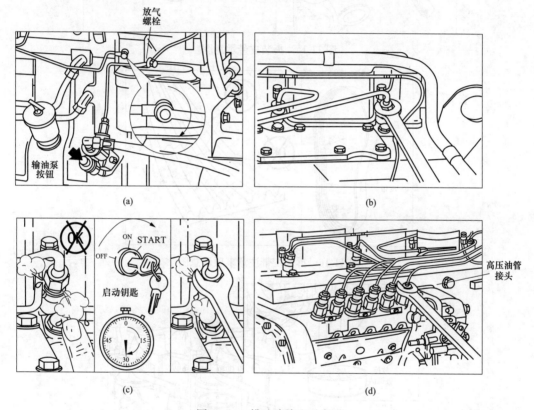

图 11-14　排油路检查示意图

（二）检查风扇皮带

必须用专用工具拆装，避免野蛮操作，少量横向裂纹（无贯穿）是可以接受的，如图 11-15 和图 11-16 所示。

（三）更换机油及滤清器

放机油时要小心烫伤，脏机油要收集起来并按当地环保部门要求处理，不可随意抛弃，避免污染环境。安装机油滤清器前要加注机油，密封圈要用清洁的机油润滑。不可拧得过紧，用手拧紧然后用扳手拧 3/4 圈即可，安装好后启动发动机检查是否泄漏，如图 11-17 所示。

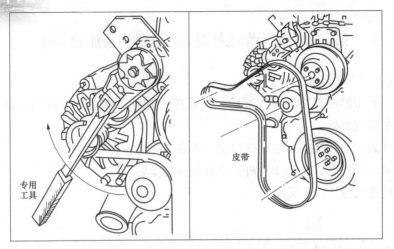

图 11-15　拆装皮带示意图

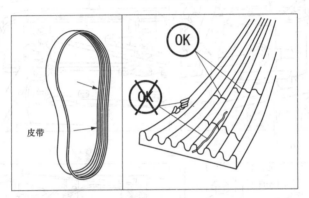

图 11-16　拆装皮带注意事项示意图

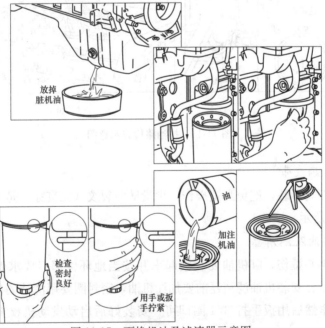

图 11-17　更换机油及滤清器示意图

（四）加注冷却液

注意必须等柴油机冷却后才能打开水箱盖，防止烫伤。C 系列柴油机要添加冷却液，不可加注过快，否则会产生气阻导致水温高。加注同时要打开气阀，直到有冷却液溢出，如图 11-18 所示。

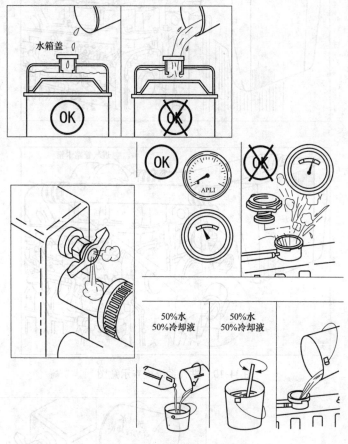

图 11-18　加注冷却液示意图

（五）进气系统检查

经常检查所有进气管路卡箍，定期更换空气滤芯，经常清洁空气滤芯，如图 11-19 所示。

（六）冷却系统检查

经常补充冷却液，注意散热栅格间的灰尘，保持管路密封和通畅，定期更换水滤清器，定期检查风扇及风扇皮带是否有损坏，如图 11-20 所示。

（七）发电机的日常维护及注意事项

交流发电机的内外部都应定期清洁，而清洁的频率则要视机组所在地的环境。当需要清洁时，可按下列步骤进行：将所有电源断开，把外表所有的灰尘、污物、油渍、水或任何液体擦掉，通风网也要清洁干净，因为这些东西进入线圈，就会使线圈过热或破坏绝缘。灰尘和污物最好用吸尘器吸掉，不要用吹气或高压喷水来清洁。

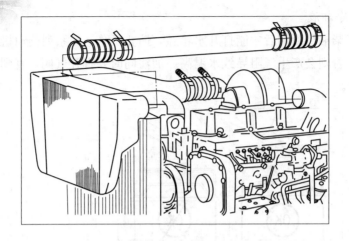

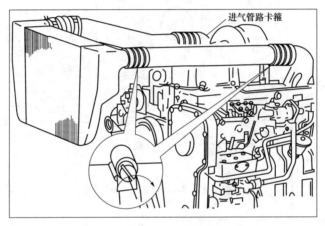

图 11-19　进气系统检查示意图

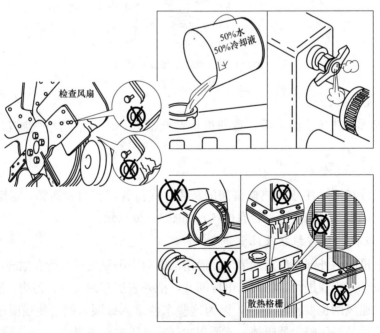

图 11-20　冷却系统检查示意图

发电机回潮而引起绝缘电阻降低，必须将发电机进行烘干，烘干办法及详细的维护保养参阅厂家说明书。

（八）控制屏的日常维护及注意事项

机组控制屏日常维护应保证其表面的清洁，使仪表显示明确直观，操作按钮（键）灵活可靠。机组在运行中，振动会引起控制屏仪表零位偏离，紧固件松动，所以定期对控制屏校表、紧固连接件、连接线的工作是很有必要的。

第八节　柴油发电机组的常见故障及处理

一、柴油发电机组常见故障及处理

柴油发电机组常见故障及处理见表 11-3。

表 11-3　　　　　　　　柴油发电机组常见故障及处理表

故障现象	故障原因	处理方法
机组无法启动	机组启动蓄电池容量不足	对蓄电池进行维护（充电、补液）必要时更换此组蓄电池
	控制屏没有上电	检查控制屏上熔断器是否熔断
	启动继电器故障	更换此继电器
	启动电动机故障	分析原因，必要时更换
	机组卡死，人工无法盘车	彻底检查，寻找原因
启动困难或启动时间过长	机组启动蓄电池容量不足	对蓄电池进行维护（充电、补液）必要时更换此组蓄电池
	启动前预热不足	检查预热元器件
	部分电调机组启动油门电位器过小	参阅随机电子调速器说明书，适当调大该电位器
	机组处于低温状态	设法提高机体温度，建议选用机组加热器
	机组处于高原空气稀薄条件	不能一次全速启动，必须在急速下运行一定时间后才能升到全速运行
	使用了错误类型或牌号的燃油	必须更换
	燃油中有水	更换燃油，建议加装油水分离器
	燃油系统中有空气或无燃油	将空气排除，通过手动燃油泵使燃油正常地从回油管中流出
	燃油滤清器堵塞严重	定期更换燃油滤清器
	进气系统堵塞严重	定期更换空气滤清器
	喷油泵及喷油嘴故障（堵塞）	请授权人员检查油泵，分析原因，大多数是由于长时间使用不合格的燃油所致
	输油泵故障	检查修理，必要时更换
	停机电磁阀故障	检查修理，必要时更换
	排气系统严重堵塞	检查并排除故障
	电子调速板故障	检查是否上电，必要时更换

故障现象	故障原因	处理方法
机组启动后 不能保持运行	燃油中有水	更换燃油，建议加装油水分离器
	燃油系统中有空气或无燃油	将空气排除，通过手动燃油泵使燃油正常地从回油管中流出
	燃油滤清器或空气滤清器堵塞	定期更换"二滤"
	空气稀薄地区怠速运行时间不足	适当延长怠速运行时间，确保机组暖机
	使用错误类型或牌号的燃油	必须更换燃油
机组启动时容易超速	电子调速机组启动油门及爬坡速度电位器调整不当	参阅随机电子调速器说明书，对油门及爬坡速度电位器略作调整
	超速保护值设定偏小	超速保护值略做调整，最大不超过17%
	对于机械式调速结构	检查油门拉杆是否灵活，并确保正确调节
	喷油泵（系统）故障	请授权人员检查维修
机组启动冒黑烟	进气系统阻塞	定期更换三滤
	使用错误类型或牌号的燃油	必须更换燃油
	发动机温度过低	待发动机达到正常温度后再观察
	高原空气稀薄地区	高原发动机应减功率运行
	进气温度过高	进气温度不应高于40℃
	燃油管及燃油滤清器堵塞	清洗燃油管，更换燃油滤清器及燃油粗滤清器
	涡轮增压器磨损严重	检修，必要时更换
	气门间隙不对	检查并调整气门间隙
	供油定时不对	查看喷油泵数据并请授权人员检修调整
冒蓝烟	发动机润滑油过多	检查润滑油油位
	使用错误类型或牌号的润滑油	更换润滑油和滤清器，确保使用正确类型的润滑油
冒白烟	使用错误类型或牌号的燃油	更换，并确保使用正确类型的燃油
	汽缸头漏水	检查缸头和缸垫，必要时更换
	发动机已到大修期限	大修发动机
机组达不到 额定转速	机组工作在超载状态	降低负载，不超过机组额定负载使用
	电子调速板转速电位器设置有错误	参阅电子调速器随机说明书，给予正确设置或更换
	电子调速系统故障	检修或给予更换
	机械调速机构油门控制调整不当（或有松动）	检查并调整
	燃油管阻塞（或太细）	检修（更换）
	燃油中有水	更换燃油，建议加装油水分离器
	三滤更换不及时	定期更换三滤
	频率（转速）表故障	更换

故障现象	故障原因	处理方法
机组游车	机械式调速结构油门拉杆松动	检查，调整到正确位置
	电子调速系统调速器调整不当	参阅电子调速器随机说明书，正确设置"增益""稳定度"电位器
	调速机构失控	请相关授权人员检修
	燃油系统有空气或水	检查并排除（更换燃油）
	负载起落较大且频繁	尽量控制负载
机组运行不稳，振动	燃油系统有空气或水	检查并排除（更换燃油）
	空气滤清器阻塞	定期更换三滤
	润滑油过多，或润滑油牌号不对	检查润滑油油位或更换润滑油和滤清器，确保使用正确类型的润滑油
	发动机进气温度过高	进气温度不应高于 40℃
	排气管阻塞（或背压过高）	减少背压，使发动机排气通畅
	喷油泵（系统）故障	请授权人员检修
	气门间隙不正确	检查并调整气门间隙
	冷却风扇受损	检查并修复，必要时更换
	机组基础不平整，减振器安装位置不正确	检查并调整位置
	使用条件恶劣，发动机提前进入大修期	大修发动机
润滑油压力过低	润滑油油位不正确	检查润滑油油位，增加或排放
	润滑油品牌不正确	更换正确的品牌润滑油
	润滑油长时间没有更换	定期更换润滑油
	润滑油滤清器堵塞	定期更换三滤
	润滑油温度超高	检查修理或更换润滑油冷却器
	曲轴轴承磨损或损坏	检修或更换并查找原因
	减压阀损坏	更换减压阀
	油底壳吸油滤阻塞	检查修理或更换吸油管并清理吸油滤
	润滑油报警开关（传感器）或仪表故障	检查控制屏，仪表，机体传感器，修理或更换，排除故障
冷却液温度过高	冷却液不足	添加冷却液
	散热器散热片阻塞	查找解决阻塞原因，清洗散热器
	散热器通风不畅	按安装要求，增大通风有效面积，确保通风畅通
	冷却风扇运行不正常	检查风扇皮带张紧度，必要时更换皮带
	风扇损坏	检修或更换
	水泵损坏	检修或更换
	节温器故障	更换
	喷油泵故障	请授权人员检修或更换
	供油定时不正确	查看喷油泵数据并请授权人员检修调整

故障现象	故障原因	处理方法
冷却液温度过高	环境（进气）温度过高	保持机房通风，合理降低机房温度
	机组过载严重	控制负载，禁止机组长时间超载运行
	冷却液报警开关（传感器）或仪表故障	检查控制屏、仪表、机体传感器，修理或更换，排除故障
燃油消耗超标	外部或内部燃油泄漏	检查并排除泄漏
	空气滤清器阻塞	定期更换
	高原空气稀薄	降低功率运行
	发动机温度过低	查找原因
	机组过载严重	控制负载，禁止机组长时间超载运行
	排气管受阻（背压过高）	检查排气管，控制背压
	供油定时不正确	查看喷油泵数据并请授权人员检修调整
	气门间隙不正确	检查并调整气门间隙
	机组进入大修期限	大修机组
滑油消耗超标	润滑油泄漏	检查并排除泄漏
	润滑油类型或牌号不对	更换润滑油和滤清器，确保使用正确的润滑油
	涡轮增压器密封圈和轴承磨损	检修或更换
	活塞、缸套、曲轴箱磨损严重	检查原因，是否进入大修期
机组输出功率不足	相对于额定功率机组已超载	降低负载运行
	高原地区造成功率不足	海拔超过1000m对柴油机功率需修正
	燃油管过细或燃油滤清器阻塞	检查，增大燃油管口径，减少燃油管阻力，更换燃油滤清器
	使用错误类型或牌号的燃油	更换燃油和滤清器，确保使用正确类型的燃油
	回油管阻塞或油箱排气孔阻塞	检查并排除故障
	排气管阻塞（背压过高）	检查排气管，控制背压
	进气量不足（空气滤清器阻塞）	定期更换三滤
	进气（机房）温度过高	保持机房通风，合理降低机组进气温度
	燃油温度过高	设法控制输入燃油温度<70℃
	喷油泵或调速系统故障	请授权人员检修或更换
	涡轮增压器叶轮损坏或故障	检修或更换
	气门间隙不正确	检查并调整气门间隙
	供油定时不正确	查看喷油泵数据并请授权人员检修调整
	机组已进入大修期限	大修机组
机组无法停机	自启动机组，ATS开机信号切断，机组仍运行	属正常情况，机组进入冷却运行后停机
	停机电磁阀失控	检查线路接线是否正确，必要是更换电磁阀
	电子（机械）调速器故障	请授权人员检修

故障现象	故 障 原 因	处 理 方 法
机组无法停机	控制屏先断钥匙开关后，再按停机按钮	错误的操作，必须先按停机按钮后，再关断钥匙开关
	油机控制仪表故障	检修或更换
机组停机	无燃油或燃油中有水或空气	检查并排除，建议加装油水分离器
	燃油、空气滤清器阻塞	检查
	电子调速器故障	请授权人员检修
	停机电磁阀保护停机动作	检查报警内容（代码），排除停机故障
	机组控制屏（系统）故障	按控制屏使用说明书检修机组控制屏
机组配电空气开关（机组闸）故障	机组空气开关自动跳闸	因机组过载（短路）引起的空气开关跳闸
		并机控制电动闸分断
		电闸本身故障，须维护更换
	机组空气开关无法合闸	过载（短路）跳闸后，需再扣才能合闸
		并机控制，不同步不能合闸
		机组闸故障，须维护或更换
控制屏故障	机组报警停机	控制屏检测到机组故障而停机，排除故障，断电（复位）后重新开机
	市电故障，机组没有启动	ATS控制系统没能提供"开机"信号，检查排除故障
		自启动油机仪表，必须上电且工作在"自动"状态
		控制联络线接法有误，检查，更正接法
		自启动油机仪表故障，检修或更换
	市电正常，机组无法停机	机组在冷却运行（3～5min）
		ATS提供"开机"信号没有关闭，检查ATS故障
		油机仪表将机组油路电磁阀设置错误
	无法实现远程监控	确认机组是否按照"三遥"配置
		确认通信线路连接是否正确无误
		确认机组通信软件是否正确地安装在控制网络计算机上
		是否按正确监控密码设置通信
		控制模块故障，检修或更换

二、故障诊断原则

（1）先想后做——了解结构原理、分析故障现象然后再动手进行检查。

（2）由简到繁——先从简单的故障入手。

（3）由表至里——先检查容易接近的零件。

（4）根除故障——确定已做的检查和维修，已经排除故障，需要在维修后进行试验，若不确定则需要故障复现试验。

思考题

1. 火力发电厂柴油发电机的主要作用是什么?

2. 柴油发电机的安全使用规则有哪些?

3. 铅酸蓄电池使用不当有哪些危害?

4. 简述柴油发电机组的主要结构。

5. 简述柴油发电机的基本原理。

6. 四冲程柴油发电机的工作原理是什么?

7. 简述柴油发电机的一般构造。

8. 简述柴油发电机冷却系统的构成。

9. 柴油发电机润滑油的作用是什么?

10. 简述柴油发电机供油系统的构成。

11. 柴油发电机对燃油的一般要求是什么?

12. 柴油发电机控制系统的作用是什么?

13. 柴油发电机进气系统主要检查哪些内容?

14. 柴油发电机常见故障有哪些?

参 考 文 献

［1］孙顺春 . 电气设备检修［M］. 北京：中国电力出版社，2009.

［2］陈敢峰 . 变压器检修［M］. 北京：中国电力出版社，2005.

［3］王新学 . 电力网及电力系统（第四版）［M］. 北京：中国电力出版社，2007.

［4］李海燕 . 电力系统［M］. 北京：中国电力出版社，2006.

［5］中国大唐集团公司长沙理工大学 . 电气设备检修［M］. 北京：中国电力出版社，2009.

［6］吴玉香 . 电机及拖动［M］. 北京：化学工业出版社，2008.1.